"十三五"机电工程实践系列规划教材

机电工程创新实训系列

数控机床电气综合设计与训练教程

总策划　　郁汉琪

主　编　　解乃军　　杜逸鸣

副主编　　王春明　　梁　涛　　黄　娟

参　编　　吴金娇　　陈荷燕　　贾　茜

　　　　　付肖燕　　张　瑶　　曹雅丽

U0242804

东南大学出版社
SOUTHEAST UNIVERSITY PRESS
·南京·

内 容 简 介

本书是"卓越工程师培养机械类创新规划教材"系列教材的配套实训类教材。

全书共分 4 章。第 1 章为概论,主要介绍两种控制对象的机械机构和设计工具软件等;第 2 章至第 4 章,主要以 6 种新近推出的典型数控系统应用为主线,以数控车床和加工中心为主要控制对象,结合工程实际,按照"构思—设计—制作—调试"的思路进行编写。由浅入深,化繁为简,从数控机床的两种常用机械机构介绍入手,展开研究。结合实际,按照数控系统应用的设计顺序进行编写,即系统硬件、系统软件和系统调试。6 种典型数控系统分别是西门子 SINUMERIK 808D 和 SINUMERIK 828D 数控系统,发那科 FANUC Oi-mate TC 和 FANUC Oi MC 数控系统,以及三菱 MITSUBISHI C70 和 MITSUBISHI M70 数控系统。本书配有电子课件,欢迎选用本书作教材的老师发邮件到 763980170@QQ.com 索取。

本书可作为普通高等院校自动化、机械工程及其自动化、机电一体化、自动化(数控技术)和自动化(系统集成)等相关专业应用型本科和专科的选用教材;可作为培养高素质的数控系统开发和数控技术应用人才的培训教材;也可作为从事数控技术应用的工程技术人员的参考书。

图书在版编目(CIP)数据

数控机床电气综合设计与训练教程/解乃军,杜逸鸣主编.
—南京:东南大学出版社,2016.6
"十三五"机电工程实践系列规划教材·机电工程创新实训系列

ISBN 978-7-5641-6548-2

Ⅰ.①数…　Ⅱ.①解…②杜…　Ⅲ.①数控机床—数控系统
高等学校—教材　Ⅳ.①TG659

中国版本图书馆 CIP 数据核字(2016)第 115804 号

数控机床电气综合设计与训练教程

出版发行	东南大学出版社	
出 版 人	江建中	
社　　址	南京市四牌楼 2 号	
邮　　编	210096	
经　　销	全国各地新华书店	
印　　刷	常州武进第三印刷厂	
开　　本	787 mm×1092 mm　1/16	
印　　张	14.75	
字　　数	378 千字	
版　　次	2016 年 6 月第 1 版	
印　　次	2016 年 6 月第 1 次印刷	
书　　号	ISBN 978-7-5641-6548-2	
印　　数	1—3500 册	
定　　价	33.00 元	

(本社图书若有印装质量问题,请直接与营销部联系,电话:025—83791830)

《"十三五"机电工程实践系列规划教材》编委会

编委会主任:郑　锋

编委会委员:郁汉琪　缪国钧　李宏胜　张　杰

郝思鹏　王红艳　周明虎　徐行健(三菱)

何朝晖(博世力士乐)　肖玲(台达)

罗锋(通用电气)　吕颖珊(罗克韦尔)

朱珉(出版社)　殷埝生　陈　巍　刘树青

编审委员会主任:孙玉坤

编审委员会委员:胡仁杰　吴洪涛　任祖平　陈勇(西门子)

侯长合(法那科)　王华(三菱)

总　　策　　划:郁汉琪

序

　　南京工程学院一向重视实践教学,注重学生的工程实践能力和创新能力的培养。长期以来,学校坚持走产学研之路、创新人才培养模式,培养高质量应用型人才。开展了以先进工程教育理念为指导、以提高实践教学质量为抓手、以多元校企合作为平台、以系列项目化教学为载体的教育教学改革。学校先后与国内外一批著名企业合作共建了一批先进的实验室、实验中心或实训基地,规模宏大、合作深入,彻底改变了原来学校实验室设备落后于行业产业技术的现象。同时经过与企业实验室的共建、实验实训设备共同研制开发、工程实践项目的共同指导、学科竞赛的共同举办和教学资源的共同编著等,在产教融合协同育人等方面积累了丰富经验和改革成果,在人才培养改革实践过程中取得了重要成果。

　　本次编写的《"十三五"机电工程实践系列规划教材》是围绕机电工程训练体系四大部分内容而编排的,包括"机电工程基础实训系列"、"机电工程控制基础实训系列"、"机电工程综合实训系列"和"机电工程创新实训系列"等 26 册。其中"机电工程基础实训系列"包括《电工技术实验指导书》、《电子技术实验指导书》、《电工电子实训教程》、《机械工程基础训练教程(上)》和《机械工程基础训练教程(下)》等 5 册;"机电工程控制基础实训系列"包括《电气控制与 PLC 实训教程(西门子)》、《电气控制与 PLC 实训教程(三菱)》、《电气控制与 PLC 实训教程(台达)》、《电气控制与 PLC 实训教程(通用电气)》、《电气控制与 PLC 实训教程(罗克韦尔)》、《电气控制与 PLC 实训教程(施耐德电气)》、《单片机实训教程》、《检测技术实训教程》和《液压与气动控制技术实训教程》等 9 册;"机电工程综合实训系列"包括《数控系统 PLC 编程与实训教程(西门子)》、《数控系统 PMC 编程与实训教程(法那科)》、《数控系统 PLC 编程与实践训教程(三菱)》、《先进制造技术实训教程》、《快速成型制造实训教程》、《工业机器人编程与实训教程》和《智能自动化生产线实训教程》等 7 册;"机电工程创新实训系列"包括《机械创新综合设计与训练教程》、《电子系统综合设计与训练教程》、《自动化系统集成综合设计与训练教程》、《数控机床电气综合设计与训练教程》、《数字化设计与制造综合设计与训练教程》等 5 册。

　　该系列规划教材,既是学校深化实践教学改革的成效,也是学校教师与企业工程师共同开发的实践教学资源建设的经验总结,更是学校参加首批教育部"本科教学质量与教学改革工程"项目——"卓越工程师人才培养教育计划"、"CDIO 工程教育模式改革研究与探索"和"国家级机电类人才培养模式创新实验区"工程实践教育改革的成果。该系列中的实验实训指导书和训练讲义经过了十年来的应用实践,在相关专业班级进行了应用实践与探索,成效显著。

　　该系列规划教材面向工程、重在实践、体现创新。在内容安排上既有基础实验实训、又有综合设计与集成应用项目训练,也有创新设计与综合工程实践项目应用;在项目的实施上采用国际化的 CDIO【Conceive(构思)、Design(设计)、Implement(实现)、Operate(运作)】工程教育的标准理念,"做中学、学中研、研中创"的方法,实现学做创一体化,使学生以主动的、实践的、课程之间有机联系的方式学习工程。通过基于这种系列化的项目教育和学习后,学生会在工程实践能力、团队合作能力、分析归纳能力、发现问题解决问题的能力、职业规划能力、信息获取能力以及创新创业能力等方面均得到锻炼和提高。

　　该系列规划教材的编写、出版得到了通用电气、三菱电机、西门子等多家企业的领导与工程师们的大力支持和帮助,出版社的领导、编辑也不辞辛劳、出谋划策,才能使该系列规划教材如期出版。该系列规划教材既可作为各高等院校电气工程类、自动化类、机械工程类等专业,相关高校工程训练中心或实训基地的实验实训教材,也可作为专业技术人员培训用参考资料。相信该系列规划教材的出版,一定会对高等学校工程实践教育和高素质创新人才的培养起到重要的推动作用。

教育部高等学校电气类教学指导委员会主任

胡敏强

2016.5 于南京

前　言

本书是"卓越工程师人才培养计划"机械类专业改革的实践教材。

根据"卓越计划"的人才培养方案,结合市场需求,打破传统的"基础课＋专业课＋工程实习"三段分割的教学模式,借鉴 CDIO 工程教育的理念,采用"系列化项目教学"的实施,实现螺旋式提升学生的综合工程应用能力。项目化的训练相对应的设置了一级、二级和三级项目,其中一级项目包含了本专业主要专业核心课程和工程综合实际应用,体现了专业的主要能力要求;二级项目则是相关课程群的(或课程模块)能力训练要求,重点突出某项专项能力;三级项目则针对单门课程,是为增强学生对该门课程内容的理解而设置。通过系列化的"工程项目"的综合训练,以达到培养学生的素质、各能力和专业知识,即诚实守信、道德修养、职业规范等各种素质,机械设计及绘图能力,电气设计及绘图能力,仪器设备操作维修能力,与人交流及沟通能力,手册、资料查询和自学能力等,以及机械电气控制设计、零件设计制作、系统装配联调等专业能力和知识。

本书是针对一级项目而编写的综合设计与训练教程,共分 4 章。书中主要以六种新近推出的典型 CNC 数控系统应用为主线,结合工程实际,按照"构思—设计—制作—调试"的思路进行编写。主要控制对象为数控车床和加工中心,从数控机床的两种常用机械机构介绍入手,由浅入深,化繁为简。

本书按照 CNC 数控系统应用的设计顺序进行编写,即系统硬件、系统软件和系统调试。第一章为概论,主要介绍数控车床和加工中心两种控制对象的机械机构和设计工具软件等,由解乃军、杜逸鸣编写;第二章为西门子(SIEMENS)数控系统综合应用实训,主要介绍西门子数控系统的两个综合实训项目的应用,其中项目 1 为 SINUMERIK 808D 数控系统在数控车床中的应用(解乃军、张瑶、梁涛编写),项目 2 为 SINUMERIK 828D 数控系统在加工中心中的应用(解乃军、王春明编写);第三章为法那科(FANUC)数控系统的综合应用实训,主要介绍法那科数控系统的两个综合实训项目的应用,其中项目 3 为 FANUC 0i Mate TD 数控系统在数控车床中的应用(付肖燕、黄娟编写),项目 4 为 FANUC 0i MC 数控系统在加工中心中的应用(贾茜编写);第四章为三菱数控系统综合应用实训,主要介绍三菱(MITSUBISHI)数控系统的两个综合实训项目的应用,其中项目 5 为 MITSUBISHI C70 数控系统在数控车床中的应用(陈荷燕编写),项目 6 为 MITSUBISHI M70 数控系统在加工中心中的应用(吴金娇编写)。全书由解乃军老师统稿。

本书的编写得到了数控系统生产公司及相关企业人员的大力支持与帮助,他们提供了大量的工程案例资料和编写建议,包括张跃林、舒庆、阮启伟(南京数控机床有限公司),李军、周繁荣、耿亮(西门子公司),陈磊(发那科有限公司),徐行健、杨第平(三菱公司),马涛(康尼公司),潘培山(南京培杉软件科技有限公司),王金(逸莱轲软件贸易(上海)有限公司),洪立荣(南京马波斯自动化设备有限公司),郑金洋(奇瑞捷豹路虎汽车有限公司)等。在此表示由衷的感谢。

本书适合普通高等院校自动化、机械工程及其自动化、机电一体化等相关专业的实践教材,也可作为从事数控技术的工程技术或自学者作参考资料。

由于我们水平有限,加之时间仓促,书中难免还有错误和不妥之处,恳请读者批评指正。

编　者

2016 年 3 月

专业词汇中英文对照

CAD(计算机辅助设计)
IEC(国际电工委员会)
GB(国标)
智能化(Smart)
全集成自动化(TIA)
加工中心(Machining Center,MC)
机床操作面板(Machine Tool Operation Panel)
伺服系统(Servo System)
数控铣床(CNC Milling Machine)
刀库(Tool Magazine)
伺服电机(Servo Motor)
进给轴(Feed Axes)
脉冲编码器(Pulse Encoder)
故障诊断(Fault Diagnosis)
数据备份(Data Backup)
机床(Machine Tool,MT)
数控(Numerical Control,NC)
数控系统(Numerical Control System)
可编程控制机(Programmable Machine Control,PMC)
个人电脑(Personal Computer,PC)
阴极射线管(Cathode Ray Tube,CRT)
液晶显示器(Liquid Crystal Display,LCD)
手动输入数据(Manual Data Input,MDI)
伺服模块(Servo Module,SVM)
主轴(Spindle,SPDL)
高速串行总线(High-Speed Serial Bus,FSSB)
DI/DO(Data Input/Data Output)
I/O(Input/Output)
存储卡(Memory Card,M-CARD)
只读存储器(ROM)
随机存储器(RAM)
静态随机存取存储器(Static Random Access Memory,SRAM)
快闪只读存储器(Flash ROM,FROM)
梯形图(Ladder Diagram)
二-十进制代码(Binary-Coded Decimal,BCD)
可编程逻辑控制器(Programmable Logic controller,PLC)
计算机数控(Computerized Numerical Control,CNC)
车床(Lathe,Turning Machine)

数控卧式车床(CNC Simple Horizontal Lathe)
铣床(Milling Machine)
伺服(Servo)
触摸屏(Touch Screen)
急停(Emergency Stop,EMG)
光电耦合器(Photocoupling)
漏极(Drain Electrode)
源极(Source Electrode)
手动脉冲发生器(Manual Pulse Generator,MPG)
静态随机存取存储器(Static Random Access Memory,SRAM)
栅格(Grid)
维护(Mainte)
输入口令(Password Input,Psswd Input)
参数(Param)
参数号(Param Number)
系统类型选择(System Type Select)
系统设定(System Setup)
显示语言(Language Display)
主轴数(Spino)
轴数(Axisno)
指令类型(Cmdtyp)
驱动器单元接口通道编号(Mcp_No)
轴名称(Axisname)
快速进给速度(Rapid)
切削进给钳制速度(Clamp)
加减速模式(Smgst)
最低转速(Smini)
Z 相检测速度(Zdetspd)
纸带(TAPE)
记忆(AUTO)
手动输入(MDI)
手轮(HAND)
寸动(JOG)
快速进给(RPD)
参考点回归(ZRN)
交叉频率(Cross Frequency)
增益裕量值(Gain Margin)

目　　录

1 概论

1.1 专业综合实训项目概述

1.1.1 专业综合实训项目目的和意义

专业综合实训的主要目的是通过"工程项目"训练和"做中学"，以培养学生的各种能力、素质和专业水平，即机械机构和电气设计能力，绘图能力，仪器设备操作、维修能力，与人交流、沟通能力，手册、资料查询和自学能力等；锻炼学生诚实守信、道德修养、职业规范等各种素质；提高学生机械、电气控制、数控加工等专业技术水平。属于一级教学项目。专业综合实训知识结构关联，如图 1.1.1 所示。

图 1.1.1 专业综合实训知识结构关联图

1.1.2 专业综合实训项目选题要求

专业综合实训是数控及相关专业教学计划内的，是基于卓越工程师教育理念下进行改革实施的，建议安排在第七学期，8 周或 10 周计划。数控及相关专业综合实训内容，主要是以数控系统作为核心控制器，所构成的数控机床在制造业领域方面的各种应用，涉及数控系统、变频器、伺服、通信总线、人机等自动化工控产品以及关联知识。除学会产品使用、编程和系统集成外，更重要的是锻炼工程实际经验与解决问题的方法，同时培养发现问题、解决问题的创新精神。

1.1.3 专业综合实训项目实习方式

专业综合实训采用工程项目教学方式实施完成。将班级学生分成若干个大组，再将每大组分成若干个小组（2～3 人/小组）。具体实施步骤如下：

（1）选定综合实训课题，下达设计任务

综合实训课题由指导教师选定，课题提前两周公布，以便学生有充分的设计准备时间。

（2）教师讲解

①介绍综合实训设备的内容、要求、安排、考核方法、注意事项；

②讲授必要的课题背景和相关知识、原理，着重帮助学生明确任务。

（3）学生查询资料，进行综合设计报告及答辩PPT

综合设计报告应包括的内容：课题名称及要求；系统总体设计方案；系统分析与设计；完整的系统电路图、程序等；所需的元器件清单；调试方案、步骤及运行结果等。

（4）教师审查

审查综合设计报告是否规范，设计方案是否合理、正确、可行，否则要求调整或整改。教师记录学生的相应成绩。

（5）学生安装、调试

通过教师审查后，即开始安装调试。调试和排故工作原则上由学生独立完成。教师以兼顾培养学生的独立工作能力和在规定时间内完成设计任务为宗旨，视具体情况给予适当指导。应对实验纪律和态度提出严格要求，督促、激发、引导学生圆满完成实训任务。

（6）验收并简单考查

学生在系统达到功能和指标要求后，保持系统的调试现场，申请指导教师验收。对达到设计指标要求的，教师将对其综合应用能力和实验能力进行简单的答辩考查，然后在综合实训结束给出实际操作分；未达到设计指标要求的，则要求其调整和改进，直到达标；之后，每名学生均要进行PPT答辩。

（7）撰写专业综合实训总结报告

总结报告应认真、规范、正确（报告格式参见表1.1.7）。

1.1.4　专业综合实训项目时间分配

专业综合实训授课计划见表1.1.1。实训时间：8周或10周（以天计，每周5天）。

表 1.1.1　专业综合实训授课计划（参考）

顺序	需用时数	授课性质		授课或学生操作内容摘要	考核内容
1	0.5	讲授示范	第一阶段综合实训模块一（两周完成）——基础知识回顾及机构设计实训	（1）选定指定实训设计课题 　指导教师在公布指定实训设计课题时一般应包括以下内容：课题名称、设计任务、技术指标和要求、主要参考文献等内容。可提供系统设计的参考框图、主要特点、主要器件的选用等 （2）教师讲解指定设计课题 ①介绍课程设计的内容、要求、安排、考核方法、注意事项； ②讲授必要的课题背景和相关知识、原理。着重帮助学生明确任务，PLC控制系统的一般设计方法、安装、调试方法	用口试或笔试或现场操作等方式，通过具体实训项目对象的控制考核学生对有关PLC、低压电器等基础知识的掌握情况，注意培养学生养成良好的工作习惯，教育学生诚实守信，多与学生交流，引导学生主动学习，引入竞争机制，增强学生自信心的培养 能力训练考核内容： （1）培养学生以探究方式获取知识的能力； （2）培养学生自主学习与分析问题能力； （3）培养学生的创新能力； （4）培养学生的团队协调、沟通、领导和组织能力； （5）培养学生对综合知识的应用能力； （6）培养学生实际动手操作能力
2	2	现场指导		学生查询资料，进行设计并撰写设计报告，教师审查	
3	2	现场指导		学生安装、调试指定设计课题	
4	0.5	现场指导		验收并简单考查指定设计课题	

顺序	需用时数	授课性质	授课或学生操作内容摘要		考核内容
5	0.5	讲授示范	第一阶段综合实训模块一（两周完成）——基础知识回顾及机构设计实训	教师布置创新设计课题	检查学生日志，督促学生养成良好的工作习惯，锻炼学生毅力，考查学生诚实守信
6	2	现场指导		学生查询资料，进行设计并撰写设计报告，教师审查	
7	2	现场指导		学生安装、调试创新设计课题	
8	0.5	现场指导讲授		验收并简单考查创新设计课题，检查阶段总结报告及现场答辩	采用现场答辩（报告＋PPT 演示＋演讲）的方式，考查学生查阅资料，收集信息的能力；考查学生团队合作，相互交流能力；考查学生领导组织能力
9	1	讲授示范	第二阶段综合实训模块二（两周完成）——数控系统应用设计实训	选定设计课题并讲解，要求同模块一	同模块一同时，检查学生日志，督促学生养成良好的工作习惯，锻炼学生毅力，考查学生诚实守信
10	4	现场指导		学生查询资料，进行设计并撰写设计报告，教师审查	
11	4	现场指导		学生安装、调试设计课题	
12	1	现场指导讲授		检查阶段总结报告及现场答辩	同模块一
13	1	讲授示范	第三阶段综合实训模块三（两周完成）——电气系统设计联调实训	选定设计课题并讲解，要求同模块一	同模块一同时，检查学生日志，督促学生养成良好的工作习惯，锻炼学生毅力，考查学生诚实守信
14	4	现场指导		学生查询资料，进行设计并撰写设计报告，教师审查	
15	4	现场指导		学生安装、调试设计课题	
16	1	现场指导讲授		检查阶段总结报告及现场答辩	同模块一
17	1	讲授示范	第四阶段综合实训模块四（两周或四周完成）——系统联调与加工实训	选定设计课题并讲解，要求同模块一	同模块一
18	4/9	现场指导		学生查询资料，完成有关知识的技术储备，教师审查学生查询资料，进行设计并完成综合设计报告。综合设计报告应包括的内容：课题名称及要求；系统总体设计方案；系统分析与设计；完整的系统电路图、程序等；所需的元器件清单；调试方案、步骤及运行结果等。教师审查	
19	2/7	现场指导		完成综合设计报告，通过教师审查后，即开始安装调试。调试和排故工作原则上由学生独立完成。教师以兼顾培养学生的独立工作能力和在规定时间内完成任务为宗旨，视具体情况给予适当指导。应对实验纪律和态度提出严格要求，督促、激发、引导学生圆满完成实验任务。未达到设计指标要求的，则要求其调整和改进，直到达标。之后，每名学生均要进行 PPT 答辩	检查学生日志，督促学生养成良好的工作习惯，锻炼学生毅力，考查学生诚实守信
20	1	现场指导		检查 8 周或 10 周专业综合实训终期报告及答辩 PPT	采用现场答辩（报告＋PPT 演示＋演讲）的综合考核方式。检查学生的综合素质，给出总评成绩。考查学生查阅资料，收集信息的能力；考查学生团队合作，相互交流及领导组织能力

1.1.5 专业综合实训项目考核方法与成绩评定

（1）考核方法
①学习态度、诚实守信及出勤　占 10%；
②方案设计、需求分析及程序　占 30%；
③系统过程调试　占 30%；
④总结报告及答辩 PPT　占 30%。
（2）成绩评定
成绩分优、良、中、及格和不及格五档。

1.1.6 专业综合实训项目日志、报告的内容与要求

日志格式要求学生自行设计，每天均要求记录，指导老师负责检查，主要考核学生的诚实守信，重点培养学生良好的工作习惯和工作态度。

1.1.7 专业综合实训项目总结报告参考格式

封面
目录
内容部分包含：
（1）设计任务
（2）设计过程
①方案描述，需求分析；
②要求提供方案结构图、数控系统选型分析、电气原理图；
③I/O 地址分配表、程序流程图、PLC 程序等。
（3）安装、调试说明
（4）设计中的问题分析
（5）设计总结
（6）主要参考资料

1.1.8 专业综合实训项目实习注意事项

（1）安全注意事项
①严禁散落长发、衣冠不整操作设备；
②安装设备时注意不要损坏各种阀件及气动元件；
③请勿使用损坏的插座或电缆，以免发生触电及火灾；
④安装时请在清洁平坦的位置，以防发生意外事故；
⑤请使用额定电压，以防发生意外事故；
⑥必须使用带有接地端子的多功能插座，确认主要插座的接地端子有没有漏电、导电；
⑦为了防止机械的差错或故障，请勿在控制器和电磁阀附近放置磁性物品；
⑧设备在安装或移动时，请切断电源。
（2）使用注意事项
①长时间不使用设备时请切断电源；
②在光线直射，灰尘，震动，冲击严重的场所请勿使用；
③在湿度较大或容易溅到水的场所，以及导电器械，易燃性物品附近请勿使用；
④请勿用湿手触摸电源插头，防止触电或火灾；

⑤用户在任意分解,修理,改造下无法享有正常的保修权利;

⑥注意切勿将手以及衣物夹进电机或气缸操作部位。

1.2 综合实训设备机械结构介绍

本教材以数控机床为研究对象,开展数控及相关专业综合实训项目教学。本节具体介绍一下综合实训设备的机械结构。

数控机床是按照事先编制的程序进行加工的,在工作过程中不需要人工干预,故而对数控机床的结构要求精密、完善且能够长时间稳定可靠地工作,以满足重复加工的需要。数控机床一般由数控系统、伺服系统、主传动系统、强电控制柜、机床本体和各类辅助装置组成。对各类不同功能的数控机床,其组成部分略有差异。

数控机床的机械结构包括:床身、立柱、导轨、主轴传动系统、进给传动系统、工作台、自动换刀装置(刀架或刀库)及其他辅助装置,如图 1.2.1 所示。

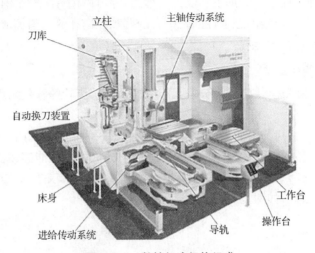

图 1.2.1 数控机床机构组成

1.2.1 数控车床综合实训机械结构简介

数控车床由数控装置、床身、主轴箱、刀架、进给系统、尾座、液压系统、冷却系统、润滑系统、排屑器等部分组成,如图 1.2.2 所示。

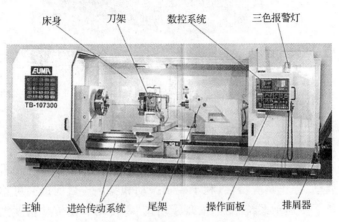

图 1.2.2 数控车床机构组成

数控车床分为立式数控车床和卧式数控车床两种类型。

立式数控车床用于回转直径较大的盘类零件车削加工。

卧式数控车床用于轴向尺寸较长或小型盘类零件的车削加工。

卧式数控车床按功能可进一步分为经济型数控车床、普通数控车床和车削加工中心。

(1)经济型数控车床:采用步进电动机和单片机对普通车床的车削进给系统进行改造后形成的简易型数控车床。成本较低,自动化程度和功能都比较差,车削加工精度也不高,适用于要求不高的回转类零件的车削加工。

(2)普通数控车床:根据车削加工要求在结构上进行专门设计,配备通用数控系统而形成的数控车床。数控系统功能强,自动化程度和加工精度也比较高,适用于一般回转类零件的车削加工。这种数控车床可同时控制两个坐标轴,即 X 轴和 Z 轴。

(3)车削加工中心:在普通数控车床的基础上,增加了 C 轴和动力头,更高级的机床还带有刀库,可控制 X、Z 和 C 三个坐标轴,联动控制轴可以是(X、Z)、(X、C)或(Z、C)。由于增加了 C 轴和铣削动力头,这种数控车床的加工功能大大增强,除可以进行一般车削外,还可以进行径向和轴向铣削、曲面铣削、中心线不在零件回转中心的孔和径向孔的钻削等加工。

1)数控机床的主传动系统

(1)采用变速齿轮传动

通过少数几对齿轮降速,使之成为分段无级变速。滑移齿轮的移位采用液压拨叉或电磁离合器控制。

同步齿形带是利用带齿与带轮的啮合同步传动力的一种新型传动带。不仅具有带传动的特点,适用于大中心距传递,而且又具有齿轮传动和链传动的特点,能够保证准确的传动比。

多楔带兼有 V 带和平带的优点,既有平带柔软、强韧的特点,又有 V 带紧凑、高效等优点。

同步带主轴传动系统,如图 1.2.3 所示。

图 1.2.3　主轴传动系统机构组成

(2)电主轴

主轴与电机制成一体,使主轴驱动机构简化。

电主轴组成:空心轴转子、带绕组的定子、速度检测元件。

空心轴转子,既是电机的转子,也是主轴。

若电主轴内应用较先进的轴承(如陶瓷轴承、磁悬浮轴承等)可使主轴部件结构紧凑、重量轻、惯量小,可提高启动、停止响应特性,利于控制振动和噪声。目前最高可达 200 000 r/min。

电主轴大大简化了主运动系统结构,实现了所谓"零传动",使传动精度大大提高,在高速数控机床上大量采用。

缺点:电机运转产生的振动和热量将直接影响到主轴,因此,主轴组件的整机平衡、温度控制和冷却是内装式主轴电机的关键问题。

车削加工中心能够完成回转类零件上各种表面的加工,它的主轴不但要像普通数控车床那样能够实现转速的控制,在加工端面或柱面上的其他表面时,主轴还要能绕 Z 轴旋转作插补运动或分度运动,车削中心的这种功能称为 C 轴功能,如图 1.2.4 和图 1.2.5 所示。

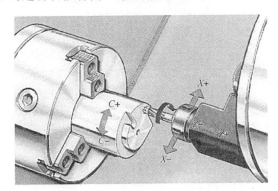

图 1.2.4   车削中心上的 C 轴功能

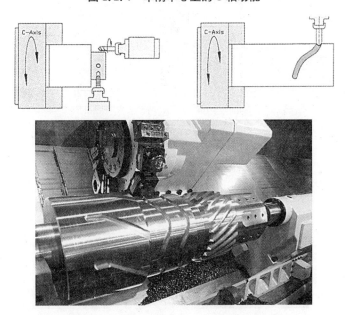

图 1.2.5   车削中心上的 C 轴功能的实现

主轴准停功能:每次机械手自动装取刀具时,必须保证刀柄上的键槽对准主轴的端面键,为满足主轴这一功能而设计的装置称为主轴准停装置或称主轴定向装置。

在加工精密的坐标孔时,由于每次都能在主轴的固定圆周位置换刀,故能保证刀尖与主轴相对位置的一致性,从而减少被加工孔的尺寸分散度。

2) 数控机床进给传动系统

进给传动系统是将伺服电机的旋转运动转变为执行部件的直线运动或回转运动。

进给系统组成:伺服电机及检测元件、传动机构、运动变换机构、导向机构、执行件;

常用的传动机构:一到两级传动齿轮和同步带;

运动变换机构:丝杠螺母副、蜗杆蜗轮副、齿轮齿条副等;

导向机构:滑动导轨、滚动导轨、静压导轨、轴承等,如图 1.2.6 所示。

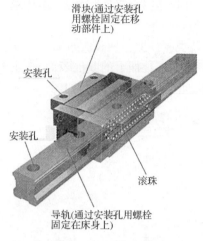

图 1.2.6　导向机构

3）数控机床工作台

（1）分度回转工作台，如图 1.2.7 所示。

图 1.2.7　分度回转工作台

常见鼠齿盘式分度工作台，其具有刚性好、承载能力强、重复定位精度高、分度精度高、能自动定心、结构简单等特点。

（2）方形工作台，如图 1.2.8 所示。

图 1.2.8　方形工作台

（3）数控回转工作台

为消除累积误差，数控回转工作台设有零点。

数控回转工作台可作任意角度的回转和分度，因此能够达到较高的分度精度。

数控回转工作台分度流程,如图 1.2.9 所示。

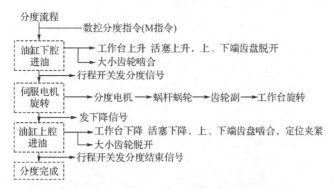

图 1.2.9　数控回转工作台分度流程图

(4) 交换工作台,如图 1.2.10 所示。

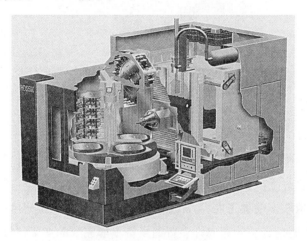

图 1.2.10　交换工作台

4) 数控车床的自动换刀装置

数控车床的自动换刀装置多见回转式刀架(见图 1.2.11)和转塔式刀架(见图 1.2.12)。

图 1.2.11　回转式刀架

图 1.2.12　转塔式刀架

1.2.2　加工中心综合实训机械结构简介

数控加工中心是由机械设备与数控系统组成的适用于加工复杂零件的高效率自动化机床。数控加工中心是目前世界上产量最高、应用最广泛的数控机床之一。它的综合加工能力较强，工件一次装夹后能完成较多的加工内容，加工精度较高，就中等加工难度的批量工件，其效率是普通设备的 5～10 倍，特别是它能完成许多普通设备不能完成的加工，对形状较复杂，精度要求高的单件加工或中小批量多品种生产更为适用。

数控加工中心是一种功能较全的数控加工机床。它把铣削、镗削、钻削、攻螺纹和切削螺纹等功能集中在一台设备上，使其具有多种工艺手段。加工中心设置有刀库，刀库中存放着不同数量的各种刀具或检具，在加工过程中由程序自动选用和更换。这是它与数控铣床、数控镗床的主要区别。特别是对于必须采用工装和专机设备来保证产品质量和效率的工件。这会为新产品的研制和改型换代节省大量的时间和费用，从而使企业具有较强的竞争能力。

1）加工中心分类

加工中心常按主轴在空间所处的状态分为立式加工中心和卧式加工中心，加工中心的主轴在空间处于垂直状态的称为立式加工中心，主轴在空间处于水平状态的称为卧式加工中心。主轴可作垂直和水平转换的，称为立卧式加工中心或五面加工中心，也称复合加工中心。按加工中心立柱的数量分：有单柱式和双柱式（龙门式）。

按加工中心运动坐标数和同时控制的坐标数分：有三轴二联动、三轴三联动、四轴三联动、五轴四联动、六轴五联动等。三轴、四轴是指加工中心具有的运动坐标数，联动是指控制系统可以同时控制运动的坐标数，从而实现刀具相对工件的位置和速度控制。

按工作台的数量和功能分：有单工作台加工中心、双工作台加工中心和多工作台加工中心。

按加工精度分:有普通加工中心和高精度加工中心。普通加工中心,分辨率为 1 μm,最大进给速度 15~25 m/min,定位精度 10 μm 左右。高精度加工中心、分辨率为 0.1 μm,最大进给速度为 15~100 m/min,定位精度为 2 μm 左右。介于 2~10 μm 之间的,以±5 μm 较多,可称精密级。

2) 加工中心加工特点

加工中心是一种带有刀库并能自动更换刀具,对工件能够在一定的范围内进行多种加工操作的数控机床。

在加工中心上加工零件的特点是:被加工零件经过一次装夹后,数控系统能控制机床按不同的工序自动选择和更换刀具;自动改变机床主轴转速、进给量和刀具相对工件的运动轨迹及其他辅助功能,连续地对工件各加工面自动地进行钻孔、锪孔、铰孔、镗孔、攻螺纹、铣削等多工序加工。由于加工中心能集中地、自动地完成多种工序,避免了人为的操作误差、减少了工件装夹、测量和机床的调整时间及工件周转、搬运和存放时间,大大提高了加工效率和加工精度,所以具有良好的经济效益。加工中心按主轴在空间的位置可分为立式加工中心与卧式加工中心。

3) 加工中心机构特点

加工中心是高效、高精度数控机床,工件在一次装夹中便可完成多道工序的加工,同时还备有刀具库,并且有自动换刀功能。加工中心所具有的这些丰富的功能,决定了加工中心程序编制的复杂性。

加工中心能实现三轴或三轴以上的联动控制,以保证刀具进行复杂表面的加工。加工中心除具有直线插补和圆弧插补功能外,还具有各种加工固定循环、刀具半径自动补偿、刀具长度自动补偿、加工过程图形显示、人机对话、故障自动诊断、离线编程等功能。

加工中心是从数控铣床发展而来的。与数控铣床的最大区别在于加工中心具有自动交换加工刀具的能力,通过在刀库上安装不同用途的刀具,可在一次装夹中通过自动换刀装置改变主轴上的加工刀具,实现多种加工功能。

加工中心从外观上可分为立式、卧式和复合加工中心等。立式加工中心的主轴垂直于工作台,主要适用于加工板材类、壳体类工件,也可用于模具加工。卧式加工中心的主轴轴线与工作台台面平行,它的工作台大多为由伺服电动机控制的数控回转台,在工件一次装夹中,通过工作台旋转可实现多个加工面的加工,适用于箱体类工件加工。复合加工中心主要是指在一台加工中心上有立、卧两个主轴或主轴可 90°改变角度,因而可在工件一次装夹中实现五个面的加工。

(1) 固定立柱立式加工中心结构机床,如图 1.2.13 所示。

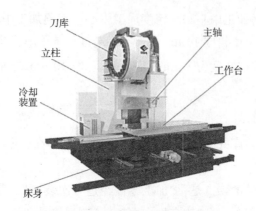

图 1.2.13　固定立柱立式加工中心

（2）滑枕立式加工中心结构机床，如图 1.2.14 所示。

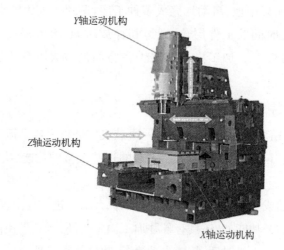

图 1.2.14　滑枕立式加工中心

（3）O 形整体床身立式加工中心结构机床，如图 1.2.15 所示。

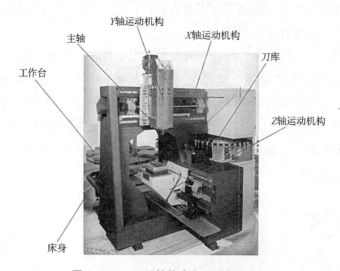

图 1.2.15　O 形整体床身立式加工中心

（4）移动立柱卧式加工中心结构机床，如图 1.2.16 所示。

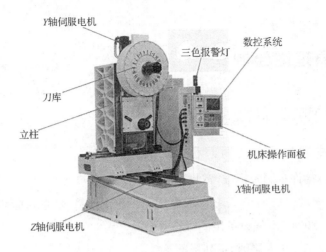

图 1.2.16　移动立柱卧式加工中心

4) 加工中心的自动换刀装置

(1) 盘式刀库,如图 1.2.17 所示。

(2) 链式刀库,如图 1.2.18 所示。

图 1.2.17　盘式刀库

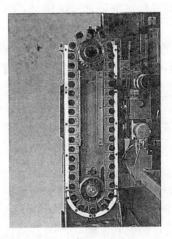

图 1.2.18　链式刀库

(3) 斗笠式刀库,如图 1.2.19 所示。

图 1.2.19　斗笠式刀库

1.3　电气原理图绘制

1.3.1　电气原理图设计的基本知识

1) 电气制图中常用的一些国家标准

电气制图需要遵循许多国家标准,常见的有:

GB/T 4728.2~4728.13—2005~2008《电气简图用图形符号》系列标准;

GB/T 5465.2—2008《电气设备用图形符号》;

GB/T 14689—2008《技术制图》系列标准;

GB/T 5094《工业系统、装置与设备以及工业产品结构原则与参照代号》

GB‐T 6988.1—2008 电气制图国家标准;

……

GB/T 4728.2~4728.13—2005~2008《电气简图用图形符号》系列标准规定了各类电气产品所对应的图形符号,标准中规定的图形符号基本与国际电气技术委员会(IEC)发布的有关标准相同。

图形符号由符号要素、限定符号、一般符号以及常用的非电操作控制的动作符号(如机械控制符号等)根据不同的具体器件情况组合构成。

GB/T 5465.2—2008《电气设备用图形符号》规定了电气设备用图形符号及其应用范围、字母代码等内容。

以上仅为简要介绍,如需电气图形符号和基本文字符号等详细资料,可以查阅相关的国家标准。

2) 电气控制电路图分析方法

电气控制电路图主要包括电气原理图、电器元件布置图、电气装配图、接线图和互连图等。其中电气原理图包括主电路、控制电路、辅助电路、保护及互锁环节以及特殊控制电路等部分组成。

在分析电气原理图时,必须与电器元件布置图、电气装配图、接线图和互连图和设备使用说明书结合起来,并且最好和实物对照进行阅读才能收到更好的效果。

在分析电气原理图时,还要特别留意电器元件的技术参数和技术指标,各部分的电压和电流标识。这些在调试和维修时,都非常重要。

3) 电气控制电路图中的常用符号

(1) 文字符号

用来表示电气设备、装置、元器件的名称、功能、状态和特征的字符代码。

例如:QF——低压断路器　　　KM——交流接触器

　　　KA——中间继电器　　　SB——按钮

　　　FU——熔断器　　　　　SA——旋钮开关

　　　FR——热继电器　　　　SQ——行程限位开关　　　SQ——接近开关

(2) 图形符号

用来表示一台设备或概念的图形、标记或字符。国家电气图用符号标准 GB/T 4728 规定了电气简图中图形符号的画法。

图 1.3.1 为几种常见低压电器的图形符号和文字符号。

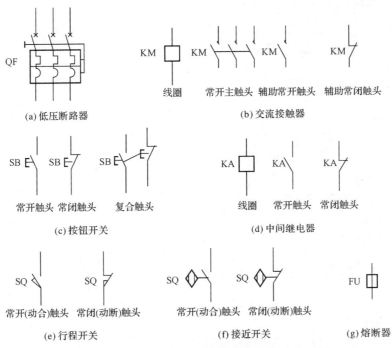

图 1.3.1 几种常见低压电器的图形符号与文字符号

（3）接线端子标记

电气图中各电器的接线端子用规定的字母数字符号标记。按国家标准 GB/T 4026—1992《电器设备接线端子和特定导线线端的识别及应用字母数字系统的通则》规定，如：

三相交流电源的引入线用 L_1、L_2、L_3、N、PE 标记。

直流系统电源正、负极、中间线分别用 L＋、L－与 M 标记。

三相动力电器的引出线分别按 U、V、W 顺序标记。

4）电气原理图绘制和识图方法介绍

电气原理图是用来表示电路各电气元件中导电部件的连接关系和工作原理的图。

（1）绘制原理图的基本规则

①原理图一般分主电路和辅助电路两部分：主电路就是从电源到电动机大电流通过的路径。辅助电路包括控制电路、照明电路、信号电路及保护电路等，由继电器和接触器的线圈、继电器的触点、接触器的辅助触点、按钮、照明灯、信号灯、控制变压器等电器元件组成。

②控制系统内的全部电机、电器和其他器械的带电部件，都应在原理图中表示出来。原理图中各电器元件不画实际的外形图，而采用国家规定的统一标准图形符号，文字符号也要符合国家标准规定。

③原理图中，各个电气元件和部件在控制线路中的位置，应根据便于阅读的原则安排。同一元器件的各个部件可以不画在一起。

④图中元件、器件和设备的可动部分，都按没有通电和没有外力作用时的开闭状态画出。

⑤电气元件应按功能布置，并尽可能按水平顺序排列，其布局顺序应该是从上到下，从左到右。电路垂直布置时，类似项目宜横向对齐；水平布置时，类似项目应纵向对齐。

⑥电气原理图中，有直接联系的交叉导线连接点，要用黑圆点表示；无直接联系的交叉导线连接点不画黑圆点。

（2）图面区域的划分

如图 1.3.2 所示，在图样的下方沿横坐标方向划分图区，并用数字编号。同时在图样的上方沿横坐标方向划区,分别标明该区电路的功能。

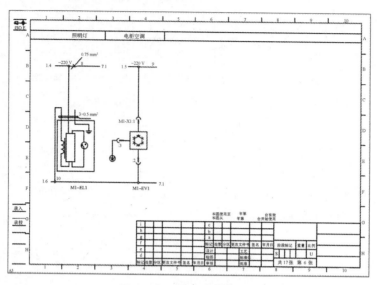

图 1.3.2　图面区域的划分

（3）符号位置的索引

元件的相关触点位置的索引用页号和图区组合表示,如图 1.3.3 所示。

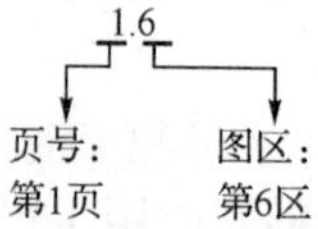

页号:　　图区:
第1页　　第6区

图 1.3.3　符号位置的索引

（4）接触器和继电器的触点位置可采用附图的方式表示

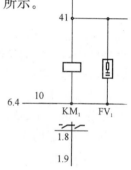

图 1.3.4 为接触器线圈在电气原理图中的画法:①41 和 10 是线号,接 220 V,6.4 是去向,表示去往第 6 页第 4 图区;②KM 是文字符号,1 为序号;③其中触点位置采用了附图的方式表示:表示在第 1 页第 8 和第 9 图区,使用三对常开主触点;④FV₁ 表示线圈要跨接一组交流灭弧器。

图 1.3.5 为继电器线圈在电气原理图中的画法:①518 是线号,接继电器线圈的正极;②继电器负极线圈接"0 V",3.2 是去向,表示去往第 3 页第 2 图区;③KA 是文字符号;④其中触点位置采用了附图的方式表示:表示在第 7 页第 5 图区,使用一对常开触点。

图 1.3.4　接触器线圈画法

5）电器元件布置图绘制和识图方法介绍

电器元件布置图详细绘制出电气设备、零件的安装位置。图中各电器代号应与有关电路和电器清单上所有元器件代号相同。

电器元件布置图是用来表明电气原理图中各元器件的实际安装位置,可视电气控制系统复杂程度采取集中绘制或单独绘制。

电器元件的布置应注意以下几方面:

（1）体积大和较重的电器元件应安装在电器安装板的下方,而发热元件应安装在电器安装板的上面。

（2）强电、弱电应分开,弱电应屏蔽,防止外界干扰。

图 1.3.6 为某数控机床底板的电器元件布置图。由于变压器比较重,所以安装在电气柜的最下方。

图 1.3.5　继电器线圈画法

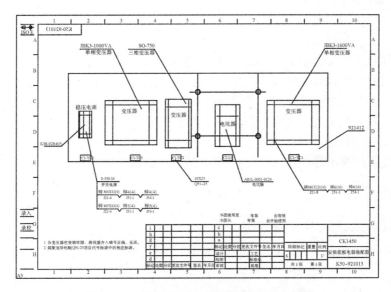

图 1.3.6　某数控机床底板的电器元件布置图

图 1.3.7 为某车床柜外电气元器件安装位置布置图。

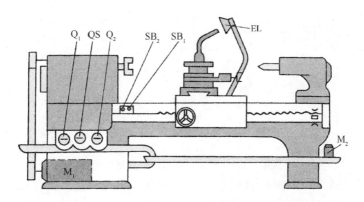

图 1.3.7　某车床柜外电气元件安装位置布置图

6) 电气互连图和接线图绘制和识图方法介绍

电气互连图和接线图主要用于电器的安装接线、线路检查、线路维修和故障处理,通常电气互连图、接线图与电气原理图和元件布置图一起使用。图 1.3.8 为某数控机床电气互连图。

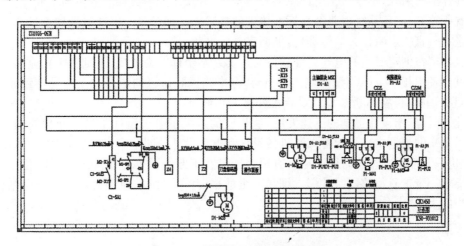

图 1.3.8　某数控机床电气互连图

电气接线图的绘制原则是：

(1) 各电气元件均按实际安装位置绘出,元件所占图面按实际尺寸以统一比例绘制。

(2) 一个元件中所有的带电部件均画在一起,并用点画线框起来,即采用集中表示法。

(3) 各电气元件的图形符号和文字符号必须与电气原理图一致,并符合国家标准。

(4) 各电气元件上凡是需接线的部件端子都应绘出,并予以编号,各接线端子的编号必须与电气原理图上的导线编号相一致。

(5) 绘制安装接线图时,走向相同的相邻导线可以绘成一股线。

1.3.2　电气设计工具软件——elecworks

1) 电气设计工具软件发展背景

计算机作为辅助绘图工具,走过了古老的手工绘图的时代,具有划时代意义,如图 1.3.9 所示。

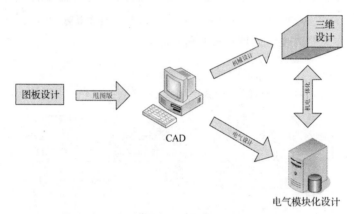

图 1.3.9　手工绘图转成计算机绘图

新系统最初遵循所有 CAD(计算机辅助设计)系统的普遍方法。以前在绘图板上创建的所有设计现在都可以照搬至计算机中,计算机变成了一个新式绘图设备。最初这方面没有太大的优势:较高的绘图精度、清晰的标准书写字体或者简单快速创建文档,这些对于电脑操作不习惯的工程师来说都是一个大的挑战;而且,一些标准设备符号替代了以前的蜡纸图章,需要工程师强化自身的设计能力及认知水平。

电气标准的引入,不断优化设计思路,统一设计方式。公司或部门的习惯不同,所需解决方案也会有所差别,使用系统也要经高标准培训的技术人员来参与。但这也就加重了电气设计的负担。企业一直在思考什么是标准化,如何实现标准化?

这也要求在创建专业的电气设计软件时需要以某个标准为依托,否则各个企业的设计仍然会千奇百怪各不相同。IEC(国际电工委员会)标准是国际认可的应用与工业设计领域的标准。中国的 GB(国标)也在不断参考 IEC 标准作进一步修订。

与此同时,三维设计工具的迅速发展,也相应的扩大了电气设计工具专业化的内需。一些企业在对未来的规划中必然的融入了机械设计和电气设计的同一平台,也即机电一体化设计理念,但这也只是停留在理念阶段。尽管有很多工具在不断尝试着这个理念的现实化,然而这样的理念要求一个工具能够同时共享二维和三维数据,并由二维的原理设计驱动三维结构设计,难度相当的大。

2）电气设计工具软件简介

在国内的大多数企业里，主要使用的电气设计工具仍然是 AutoCAD，主要的原因是很多的企业的负责人也不是很了解专业的电气设计软件。然而随着计算机技术的发展，包括了 PLC、DCS 等技术的普遍应用，电气设计的控制变得越来越复杂，项目中所牵涉的器件也越来越多，控制规模也越来越大，AutoCAD 的使用已经越来越不能满足工程师的要求，于是在国内出现了一些企业寻求解决方案，找到了一些软件开发公司，在 CAD 的基础进行了一些二次开发，但是这些产品都有很大的局限性，也只是专业电气设计工具的雏形。

elecworks 便是一款新生代专业电气设计软件，如图 1.3.10 所示。在满足电气设计需求的同时，不断创新，探索设计方式的革新。从管理理念的引入，到设计方式的智能化，到数据统计的专业性、安全性和高效性，到清单统计的实时性。设计的方方面面，elecworks 的应用如流水般丝丝紧扣却水到渠成。

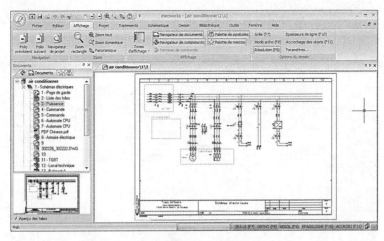

图 1.3.10　专业电气设计软件 elecworks

（1）标准化设计

elecworks 的设计理念认为：设计师仍然是灵魂，主导着设计的始末；合适的工具对于设计者来说是如虎添翼。

Trace Software International 根据二十多年的电气 CAD 领域的开发经验，将 IEC 标准（国际电工委员会标准）的内容融入到 elecworks 中，让设计者不需要检索各种繁杂的标准而正确设计，其设计结果却恰恰是符合国际通用标准的，如图 1.3.11 所示。

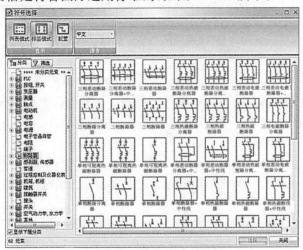

图 1.3.11　标准化设计图库

elecworks 根据 IEC 标准,正确的定制符号库,并将符号按照类别分类,便于检索。同时,自动生成的端子清单也推荐采用 ISO 图形化标准,或者是采用 DIN 表格形式标准,尽可能地满足设计的国际化交流。

使用正确的工具和正确的使用工具,对于任何一个设计者来说都是必要的。

elecworks 的工具栏采用 Smart(智能化)风格,最快最便捷地将对应的设计工具呈现在设计者面前。如此友好的操作界面,即便是一个刚刚开始 elecworks 之旅的工程师在很短的时间内学会并正确使用软件,用 elecworks 用户的话说就是"简单易学"。

(2) 智能化设计

传统的设计中,工程师使用文字和图形组合而表达设计意图。但对于制造业来说,如何用原理设计真正地指导生产,这是一个很大的问题。设计者往往需要使用到智能化的元器件,例如带有辅助触点的原件、PLC 等。AutoCAD 在这个智能的平台上已经不能满足设计需求,需要工程师自己手动的标识、修改。

报表的统计在整个设计中占据了相当大的比重,但实际上工程师不需要将时间过多地花费在报表的统计上,而是更"专注于设计"。

elecworks 拥有智能的设计工具,不仅仅可以实现自动化,还可以自动纠错,如图 1.3.12 所示。

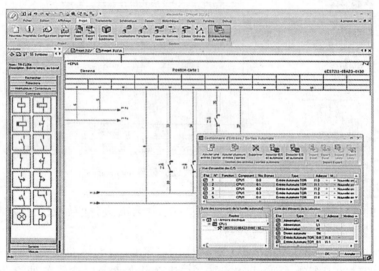

图 1.3.12　智能化设计体现

例如在为新添加的符号命名时,elecworks 会根据标准命名规则,自动地为符号命名,这就避免了手动命名时可能会出现的元件重名的错误。又例如在为继电器选型后,所使用的触点是否溢出或多余,在 elecworks 中可以智能识别。将一切设计过失消灭在萌芽期!

(3) 机电一体化

传统的设计中,电气为电气,机械为机械。这对于已知的机构设计来说,确实是带来一个全新而方便的设计形式。因为电气设计是"理念",机械设计是"现实",通过电气和机械的设计将理念用虚拟的"现实"来体现,进一步指导生产。但是,在未来的设计中,电气设计和机械设计分家的方式仍然可行吗?

elecworks 不仅仅能够实现电气的设计,更是"机电一体化设计"理念的发起者和倡导者。真正地与三维软件 SolidWorks 的无缝集成能力让电气设计和机械设计成为一种行云流水般的顺畅和完美。

在原理设计中所使用的元件列表会同步地呈现在 SW 树中,设计者只需要点击后就可以智能地将 2D 图形转变成 3D 零件模型。此等创举,无人能及。

不仅仅可以从 2D 转变为 3D，elecworks 还可以根据原理设计中的接线关系，自动地将布局好的三维模型接线。工程师只需要一键便可以自动地生成三维的电线、电缆。同时电线、电缆的长度数据也会同步反馈给二维原理中的清单，这样在清单中就会统计出不同类型的电线分别的长度以及总长度，为生产提供翔实的数据，如图 1.3.13 所示。

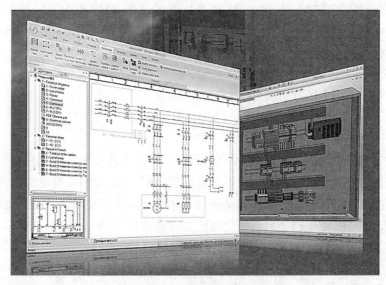

图 1.3.13 机电一体化体现

（4）平台化管理数据

由二维设计驱动三维设计，并将结果反馈回二维——几代人的梦想终于实现了！

如今企业中的所有数据都是使用数据库来管理，这就要求所有使用的数据具备平台化管理的能力。

elecworks 提供了更广泛的对外开放接口，能够与 ERP/PDM 等上层数据管理软件紧密集成，让设计成为可视化、参数化。

总的来说，elecworks 这款新生代专业电气设计软件，对电气软件的发展具有革命性意义。不仅作为领军者引领了机电一体化理念从构想变为现实，而且让电气设计的便捷性、智能性和创造性空前地发展。但无论如何发展，elecworks 的核心只有一个：辅助电气设计工程师专注于设计。

1.3.3 电气原理图设计

本节学习使用 elecworks 进行电气原理图设计。

elecworks 是一个专业的电气设计软件。它使用 SQL Server 数据库和兼容 AutoCAD DWG 格式的图形文档页面，可以根据原理图自动生成端子报表和清单报表。

elecworks 为 SolidWorks 用户开发了一部分内容。它有一个模块可以在 SolidWorks 中用来设计 3D 布局和自动布线。

根据工作的方式，elecworks 可以单机版安装（整个软件——应用程序和数据库都安装在电脑中）或"客户端/服务器"模式。在后者的情况下，应用程序安装在电脑上，但数据库安装在服务器上。这就允许同一数据库被多人同时使用，特别适用于多人在同一项目上工作。

1）elecworks 软件

（1）启动 elecworks

elecworks 安装程序会自动创建桌面快捷方式，用来启动该应用程序。

如果无法访问该快捷方式,则只需运行 elecworks"Bin"目录中的"elecworks. exe"文件。当启动 elecworks 时,它连接到数据库,项目管理器将自动打开。

注意:

绘制规则:elecworks 用于设计原理图,也允许创建任何类型的绘图页面,但要区分所工作的环境。当你在绘制"图形"时,使用"绘图"菜单以外的命令,每次操作都保存在项目的数据库中,就如同是你直接在数据库中绘制一样。但是,绘制其他页面时(例如打开 DWG 文件)不会在数据库中绘制,关闭文件时将不会自动保存。

(2) 界面说明

elecworks 界面由四个区域组成(见图 1.3.14)。

——图形区域:为绘图准备的区域。

——工具栏:这里包含所有可用于绘图的命令。

——状态栏:它显示光标的坐标,并可以打开用于界面上的各种锁定工具。

——侧边栏:它有多个功能。它为项目显示数据(项目的结构和其组成的部分)。它可以使用宏等快速而方便地插入实体。不过,它是软件和用户之间首要的交互界面(如果一个命令有选项或需要输入某些值,侧边栏会自动变化以配合该命令)。

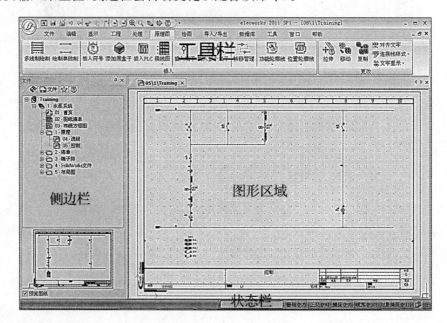

图 1.3.14　elecworks 界面

elecworks 是一个"多文档"应用软件程序,也就是说你可以打开多个文档的界面。这些在图形区域中被分组,每个选项卡关联一个文档。

(3) 菜单说明

本章描述菜单中可用的命令列表。elecworks 不同的版本界面略有不同。

某些菜单的下半部分中有一个箭头。这意味着如果你单击箭头,还有其他命令可用。

①"文件"菜单

工程管理:用于打开工程管理器。此外,可以创建、删除或存档项目;

离开:用于关闭应用程序,关闭页面并将其自动保存;

保存:用来保存当前文件或绘图(在当前打开的);

新建:用于以 DWG 格式创建新的文件(这不是一个原理图);

打开:用来打开 DWG 格式的文件;

另存为:用于保存 DWG 文件,更改其名称和文件保存路径;

关闭:用于关闭当前文件或页面;

页面设置:用于绘图结构或文件打印;

预览:显示它将打印的效果,使用页面图层设置;

打印:用于根据页面图层设置打印当前文件或绘图页面。

②"编辑"菜单

放弃:用于取消最后一次操作。无法取消某些操作,例如,线号电位编号;

恢复:用来恢复最后一次操作。这与取消最后的"放弃"相同;

剪切:用来将选定的实体放到 elecworks 剪贴板中,绘图或 DWG 文件中删除实体;

复制:类似于"剪切"命令,但实体不从绘图或 DWG 文件中删除;

粘贴:用于 elecworks 将剪贴板中的实体插入;

选择所有:用于选择绘图或 DWG 文件中的所有实体;

重复最后一个指令:用于重复使用绘图上的最后一个命令。

③"显示"菜单

上一页面:打开项目列表中上一个页面,绘图中所作的命令会关闭;

下一页面:打开项目列表中的下一个页面。如果此命令操作于页面列表的最后一页,该页为原理图或者方框图,elecworks 会询问你是否要创建新的绘图。绘图中所作的命令会关闭;

工程浏览器:打开一个对话框,显示该项目的组件元素的树状结构。此界面还可以预览绘图;

矩形范围:定义一个矩形的对角,图形区域将会适应于此矩形的限制范围;

全景图:在图形区域中显示所有实体。通过双击鼠标滚轮,可以在任何时间执行"缩放扩展";

动态缩放:按住鼠标左键可以"放大"或"缩小"。滚动鼠标滚轮可以随时执行"动态缩放";

视图:按住鼠标左键在图形区域中移动视图。按住鼠标滚轮可以随时执行"视图";

显示区域:标注或显示屏幕的区域,也可以配置程序的风格(颜色);

文件导航:用来标注或显示侧边栏中特定的选项卡;

设备导航:用来标注或显示侧边栏中特定的选项卡;

接线标签面板:用来标注或显示特定的符号,用于插入连接标签;

命令面板:用来标注或显示侧边栏中特定的选项卡;

符号栏:用来标注或显示侧边栏中特定的选项卡;

宏栏:用来标注或显示侧边栏中特定的选项卡;

机柜布局栏:用来标注或显示侧边栏中特定的选项卡;

栅格:在图形区域标注或显示栅格。这个命令也可以通过 F7 键在状态栏中激活;

正交模式:用于在图形区域中横向或纵向的冻结或释放光标。这个命令也可以通过 F8 键在状态栏激活;

捕捉:用于在图形区域中规定的步距内冻结或释放光标。这个命令也可以通过 F9 键在状态栏激活;

线宽:用于标注或显示线的宽度。这个命令也可以通过 F10 键在状态栏激活;

对象捕捉:用于启动或禁用对象的捕捉模式(实体的关键点),这个命令也可以通过 F11 键在状态栏激活;

参数:用于访问绘图锁定设置参数。

④"工程"菜单

新建:用于当前项目中创建一个新文档;

属性:用来访问项目的属性;

配置:用来访问项目的配置和项目其他多个组件的各种配置;

打印:用来打开打印管理器;

位置:用于访问位置管理器;

功能:用于访问功能管理器;

转移:用于访问转移管理器;

电缆:用于访问电缆管理器;

接线方向:用来管理设备间互相连接的顺序;

PLC:用来访问 PLC 管理器;

输入/输出:用于访问 PLC 通道管理。

⑤"处理"菜单

编辑清单:用于访问清单管理器。这允许选择并编辑项目中的清单;

编辑端子排:用于进入端子编辑器。在端子编辑器中可以编辑端子排和为端子布线;

绘制清单:用于生成清单;

绘制端子排:用于生成端子排清单;

新连接线编号:为没有编号的电线启动编号;

重新编号:用于启动编号。为重新编号提供了多个选项;

更新标注:用于更新标注;

2D 机柜布局:自动创建用于生成 2D 布局图的页面;

SolidWorks 机柜布局:自动创建用于生成 2D 布局图的页面。这些文件是 SolidWorks 格式文件,不能直接在 elecworks 中打开;

翻译:用于访问翻译项目的界面。

⑥"原理图"菜单

多线制绘制:用于绘制电源型电线 (相-中性线-保护线);

绘制单线:用于绘制单线。单线可以由多个电线(相同类型)组成;

插入符号:用于插入一个符号。"符号"侧边栏也可以用于插入符号;

添加黑盒子:用于插入黑盒子;

插入 PLC:用于动态 PLC 通道的插入;

接线图:用于插入接线图或者进入侧边栏的特别栏;

插入端子:用于插入端子。侧边栏也可以用于插入符号;

插入多个端子:用于一次插入多个端子在多根电线上;

转移管理:创建转移优先级,并确保电线从一个到另一个连接的连续性;

功能轮廓线:用于根据功能绘制一个框。可以是矩形或者多边形;

位置轮廓线:用于根据位置绘制一个框,可以是矩形或者多边形;

拉伸:用于移动包含框选后的矩形。和"移动"不同的是,包含在选择中的电线会被拉伸;

移动:框选后移动实体;

复制:用于复制实体。如果是 elecwork 实体,它们会自动被管理;

对齐文本:用于根据轴线对齐电线标注;

连接线样式:用另一种线型替换选择的电线;

文字显示:用于显示或隐藏标注。

⑦"布线方框图"菜单

插入符号:插入方框图符号。侧边栏中的"符号"选项卡也可以插入符号;

接线图:用于插入接线图符号或进入侧边栏中的特定选项卡;

绘制电缆:用于绘制电缆连接两个符号;

转移管理:创建转移优先级,并确保电线从一个到另一个连接的连续性;

功能轮廓线:用于根据功能绘制一个框。可以是矩形或者多边形;

位置轮廓线:用于根据位置绘制一个框,可以是矩形或者多边形;

移动:框选后移动实体;

复制:用于复制实体。如果是 elecworks 实体,它们会自动被管理;

详细布线:用于进入方框图的设备连接界面;

添加电缆:用于布线方框图中添加电缆基准;

预设电缆:用于预设电缆(更新电缆列表),之后可以完成详细布线;

对齐文本: 用于根据轴线对齐电线标注;

显示电缆标注:用于标注或显示选中电缆的标注。

⑧"绘图"菜单

此菜单中的命令不在数据库中管理,也不需要在"原理图"和"方框图"中使用。它们只会用于绘制符号或图框创建界面中。此规则的一个例外是多语种文字命令。

多语种文字:用于插入包含不同语言的文字。当工程语言切换的时候文字会自动切换。

⑨"导入/导出"菜单

导入 DWG:用于导入 AutoCAD 文件,这些文件将不被视为 elecworks 图纸;

数据导入:用于导入数据载入项目数据库,例如电缆或设备的列表;

导出 DWG:用于导出 elecworks 页面成可以在 AutoCAD 中打开的图纸;

导出 PDF:生成 PDF 文件 (Adobe Reader),包含整个项目的所有页面;

更新 PDM 文件:用于更新"PDM"文档管理数据库。此命令在拥有用于 PDM 的 elecworks 授权后才有效;

PDM 连接配置:用来管理 PDM 文档数据库的连接设置。此命令在拥有用于 PDM 的 elecworks 授权后才有效。

⑩"数据库"菜单

符号管理:用于访问符号库,可以创建符号并将它们集成到个人库中;

2D 图形库:用于进入 2D 图形管理界面。这些符号在机柜布局图中会关联到制造商参数;

图框管理器:用于访问图框管理器,图框会对应页面的框架,包含可以提取工程数据的属性标注;

宏管理:用于访问宏管理器。宏管理也可以在侧边栏中打开;

电缆基准管理:用于访问在工程中可用的电缆设备库;

制造商参数管理:用于访问设备库,所有的数据包含在一个独立的数据目录中;

数据库管理:用于创建或修改数据库的属性;

设备分类:用来管理不同类别,与类和相应的符号之间的关联,以及在机柜布局中对应的设置;

ERP 数据库连接:用于管理 ERP 数据库的连接。

⑪"工具"菜单

已连接用户:用于显示用户连接到相同的协作服务器列表。消息系统可供连接的用户交谈;

应用配置:用于访问软件的配置设置(语言,授权,协作服务器等);

线型:用来管理在绘图中使用的各种类型的电线;

字体管理:用来管理不同样式的文本(字体、高度、颜色等);

标尺类型:用来管理不同的标注样式。

⑫"窗口"菜单

该菜单允许重新组织不同的绘图或图形用户界面中的文件窗口。

⑬"帮助"菜单

elecworks 帮助:用于打开上下文帮助部分。这也可以通过按 F1 键打开;

获得帮助:用于访问排除 elecworks 疑问的 Web 站点;

技术支持邮件:用来发送电子邮件到 elecworks 的技术支持;

文档:用于访问可用的文档文件;

在线指南:用来访问 elecworks 官方指南网站;

用户空间:用来访问你的客户门户(更新、教程等);

elecworks 主站:用来访问 elecworks 网站;

检查更新:用于管理更新频率;

关于:提供有关使用的版本信息。

(4) 侧边栏说明

元件栏:显示工程中的元件列表,可以根据功能或位置分类;

文件栏:树状结构显示工程中图纸和文件。此栏可以显示多个工程。当前工程会被加粗;

符号栏:用来访问符号组以便插入符号。"搜索"可以搜索到符号库中的符号;

宏栏:用于访问宏管理器。拖放技术可以将宏插入到页面中,或创建新的宏;

命令栏:此栏只会在特定的命令中使用,例如插入符号。这是软件与用户互动的区域;

布局栏:显示的可插入到 2D 机柜的设备列表;

接线图:显示设备列表,可以为每个设备插入接线图符号。

(5) 锁定说明

锁定在屏幕底部的状态栏中可用。

锁定可以辅助绘图。可以将鼠标放置在锁定栏上,并右击。这些锁定栏设置了"开-关"。例如,首次单击激活,再点击一次就关闭。

栅格:用于显示或标注栅格。锁定不能和"捕捉"混淆。屏幕中显示的栅格不会锁定光标。

栅格是视觉上的参考。此功能也可以通过 F7 激活；

正交：用于插入电线时横轴或纵轴锁定。此功能也可以通过 F8 激活；

捕捉：用于根据用户定义的布局锁定光标。这不能和"栅格"（唯一可见的）混淆，但由于之后会和后者联合，所以光标会跟随栅格点。这样的话，栅格间距需要和捕捉间距保持一致。此功能也可以通过 F9 激活；

线宽：用于标注和显示线宽。禁用该项后，所有屏幕中可见的线使用相同的线宽，即使已经被定义了不同的宽度。此功能也可以通过 F10 激活；

对象捕捉：用于激活或禁止对象捕捉模式。该锁使用实体的关键点（例如端点，居中等）。此功能也可以通过 F11 激活。

（6）应用配置说明

elecworks 是多语言软件，要修改应用程序的语言，请打开"工具"菜单，单击"应用配置"图标。在"应用语言"选项卡中，选择想要使用的语言，重新启动 elecworks 便更改了应用。

此对话框为你提供了多个设置来配置应用程序。

2）电气设计

一个工程是由多种文件组成，例如封面、原理图、方框图、端子排图。也可以添加各种其他文档（Acrobat，Word、Excel 文件，等等），但不能在图形用户界面中打开它们，而是使用与其关联的应用程序打开。

电气设计包含工程管理、定义位置与功能、布线方框图设计、原理图设计、交叉引用管理、原理图接线端子绘制、宏管理、重新计算标注、转移管理、电线编号、接线方向管理器、设备管理器、接线排管理、电缆管理、制造商参数管理、PLC 管理、接线图管理、清单管理、2D 机柜布局、翻译工程、校对管理、打印、框图设计、符号设计等多项设计内容。此处就不一一叙述，具体了解请查阅相关设计培训手册。

本节重点讲解一下原理图设计。

原理图是由电线，符号，终端等元素组成，如图 1.3.15 所示。

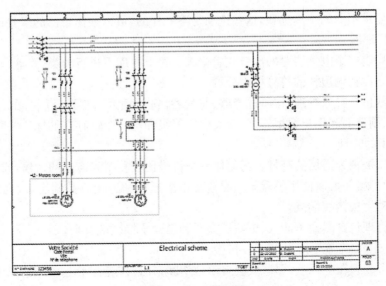

图 1.3.15 原理图

原理图设计包含如下设计步骤：

（1）电线管理

两种类型的电线：

——动力型多线（相线＋中性线＋保护线）；

——单线，由一个或多个导体组成。

可以根据自己的需要创建很多类型的线。

包含如下设计内容：电线样式管理、线样式的选择和原理图中线的绘制。

①电线样式管理

电线样式的管理可以通过，"工程"下面"配置"里面"连接线样式"来进行设置管理。也可以在画电线，选择线型的时候点击"管理器"对电线样式进行设置编辑。

电线样式管理器中集合了工程中所有能用的电线。电线以编号群的方式进行分组，当对电线进行编号的时候，位于同一组内的电线就会按照相同的编号方式进行编号。

线样式：线名称 & 线属于的编号群；

基本信息：线型以及线的等电位编号；

线号码显示：不同线样式的等电位编号格式；

电缆：电缆的基本信息；

技术数据：电线的技术数据信息。

②线样式的选择

线样式选择对话框里会列出工程中所有线的样式，此时可以通过线样式管理器去创建新的线样式。当然，这个工具的主要用途是用来选择线的样式作为当前线的样式定义（正在绘制的电线）。

③原理图中线的绘制

有 2 个用于绘制线的按钮，具体选用哪个按钮绘制电线，取决于所需绘制电线的类型。

位于"原理图"工具栏里面的"绘制多线"工具，可用于绘制动力回路多线（相线＋中性线＋保护线）。

位于"原理图"工具栏里的"绘制单线"工具，可用于绘制单根电线或者多根电线（这些电线是相同的）。

工具栏中显示不同的工具选项，这些选项是不一样的，可以根据自己的需要选择。

（2）符号管理器

一个符号代表一个电气装置的部分或者全部。符号在库里进行分类（管理），可以创建自己的符号。符号同样在侧边栏的符号栏中分类。

符号管理器包含符号管理、符号选择器、符号栏、符号插入、符号标注、分配位置和功能、制造商设备选型、制造商和用户数据管理、交叉引用等级和与一个已存在的标注关联等。

（3）黑盒子的管理

黑盒子可以被视为通用的符号。当创建一个符号比较复杂和麻烦的时候，或者这个符号不是经常使用的时候，便可以使用黑盒子。黑盒子由矩形框和连接点共同定义，在每次有电线插入的时候会自动生成接线端点。

黑盒子的管理包含黑盒子插入、更新黑盒子和黑盒子接线端管理。

"插入黑盒子"命令在"原理图"工具栏中。

如果黑盒子放置在电线上，那些线会自动地切断，并且在黑盒子上，每根切断的线都会生成一个接线点。

黑盒子在符号标注、交叉引用和制造商基准方面具有相同的功能。

如果电线是后来叠加到黑盒子上，有一个命令“更新黑盒”，可以用来更新黑盒。这个命令在关联菜单中。

我们可以在黑盒子外框线上手动增加接线端(连接点)。

在黑盒子的外框线上点击一点或者多点表示新的接线端。

按[ESC]键或者点击鼠标右键，结束命令。

要更改接线端子号，打开黑盒子属性对话框，选择“制造商设备和基准”标签，在“回路”标签栏里，打开想编辑的某个回路关联菜单，就可以编辑接线端号。

(4) 多语言文本

多语言文本允许输入几种语言文本，并只显示在项目中使用的一种或多种语言。

多语言文本在[工程配置]菜单栏中的[字体设置]标签栏里设置。

我们可以在一个工程中管理多达 3 种语言，对于每种使用的语言，可以设定文字的字体，高度，样式和颜色。

“多语言文本插入”命令在“绘图”工具栏中。

当激活插入命令的时候，侧边栏将发生变化，以显示插入选项。

——点击插入文本位置的第一个点；

——指定文本的旋转角度；

——输入工程的不同语言文本；

——根据需要改变文本对齐方式；

——管理文本的对齐方式。

1.3.4 工程设计实例——包装机械的电气设计样例

(1) 图纸清单(见图 1.3.16)

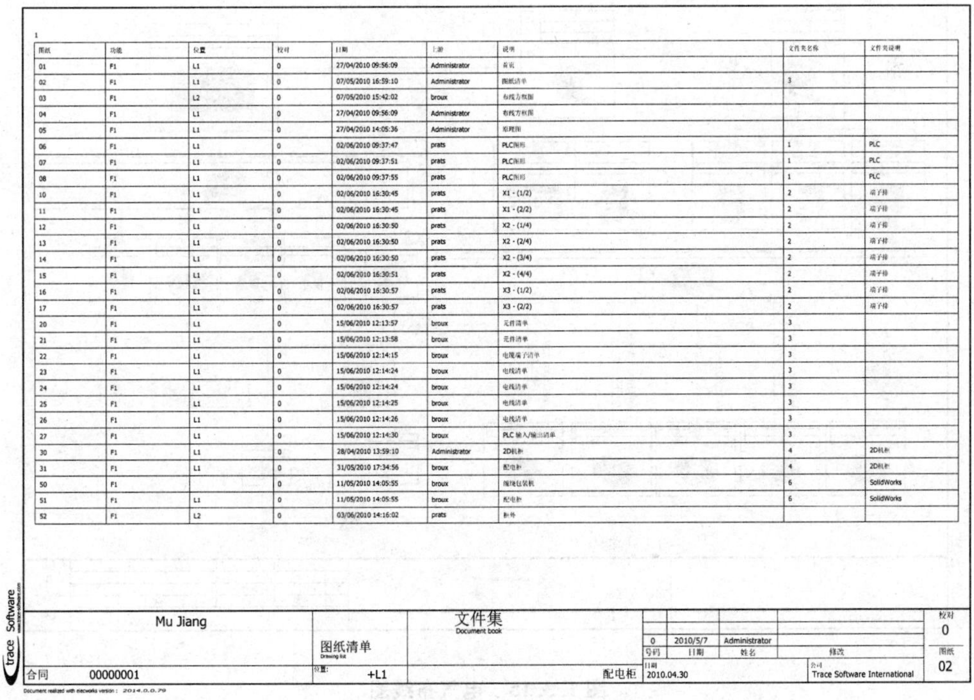

1

图纸	功能	位置	校对	日期	上游	说明	文件夹名称	文件夹说明
01	F1	L1	0	27/04/2010 09:56:09	Administrator	首页		
02	F1	L1	0	07/05/2010 16:59:10	Administrator	图纸清单	3	
03	F1	L2	0	07/05/2010 15:42:02	broux	布线方框图		
04	F1	L1	0	27/04/2010 09:56:09	Administrator	布线方框图		
05	F1	L1	0	27/04/2010 14:05:36	Administrator	原理图		
06	F1	L1	0	02/06/2010 09:37:47	prats	PLC图形	1	PLC
07	F1	L1	0	02/06/2010 09:37:51	prats	PLC图形	1	PLC
08	F1	L1	0	02/06/2010 09:37:55	prats	PLC图形	1	PLC
10	F1	L1	0	02/06/2010 16:30:45	prats	X1 - (1/2)	2	端子排
11	F1	L1	0	02/06/2010 16:30:45	prats	X1 - (2/2)	2	端子排
12	F1	L1	0	02/06/2010 16:30:50	prats	X2 - (1/4)	2	端子排
13	F1	L1	0	02/06/2010 16:30:50	prats	X2 - (2/4)	2	端子排
14	F1	L1	0	02/06/2010 16:30:50	prats	X2 - (3/4)	2	端子排
15	F1	L1	0	02/06/2010 16:30:51	prats	X2 - (4/4)	2	端子排
16	F1	L1	0	02/06/2010 16:30:57	prats	X3 - (1/2)	2	端子排
17	F1	L1	0	02/06/2010 16:30:57	prats	X3 - (2/2)	2	端子排
20	F1	L1	0	15/06/2010 12:13:57	broux	元件清单	3	
21	F1	L1	0	15/06/2010 12:13:58	broux	元件清单	3	
22	F1	L1	0	15/06/2010 12:14:15	broux	电缆端子清单	3	
23	F1	L1	0	15/06/2010 12:14:24	broux	电线清单	3	
24	F1	L1	0	15/06/2010 12:14:24	broux	电线清单	3	
25	F1	L1	0	15/06/2010 12:14:25	broux	电线清单	3	
26	F1	L1	0	15/06/2010 12:14:26	broux	电线清单	3	
27	F1	L1	0	15/06/2010 12:14:30	broux	PLC 输入/输出清单	3	
30	F1	L1	0	28/04/2010 13:59:10	Administrator	2D机柜	4	2D机柜
31	F1	L1	0	31/05/2010 17:34:56	broux	配电柜	4	2D机柜
50	F1		0	11/05/2010 14:05:55	broux	缠绕包装机	6	SolidWorks
51	F1	L1	0	11/05/2010 14:05:55	broux	配电柜	6	SolidWorks
52	F1	L2	0	03/06/2010 14:16:02	prats	柜外		

图 1.3.16 图纸清单

（2）柜外电气布置图（见图 1.3.17）

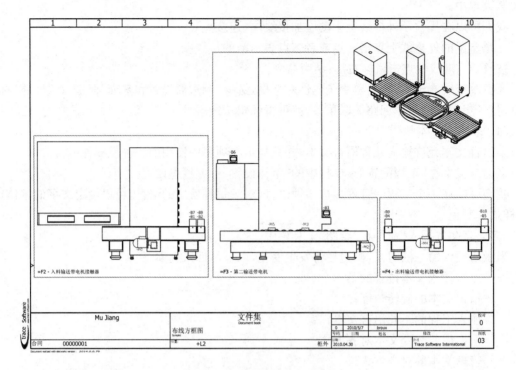

图 1.3.17　柜外电气布置图

（3）电气布线图（见图 1.3.18）

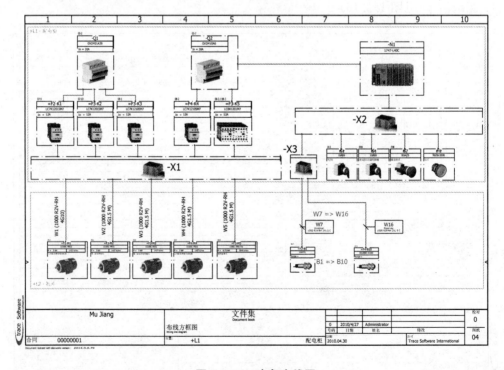

图 1.3.18　电气布线图

(4) 电气原理图——强电电路图(见图 1.3.19)

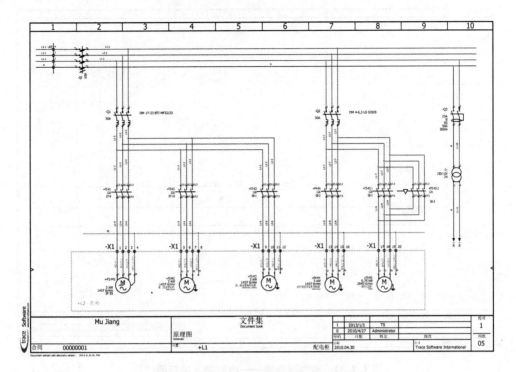

图 1.3.19 电气原理图——强电电路图

(5) 电气原理图——PLC 输入接口图(1)(见图 1.3.20)

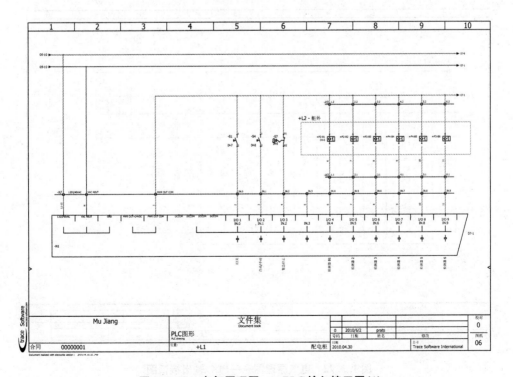

图 1.3.20 电气原理图——PLC 输入接口图(1)

（6）电气原理图——PLC输入接口图（2）（见图1.3.21）

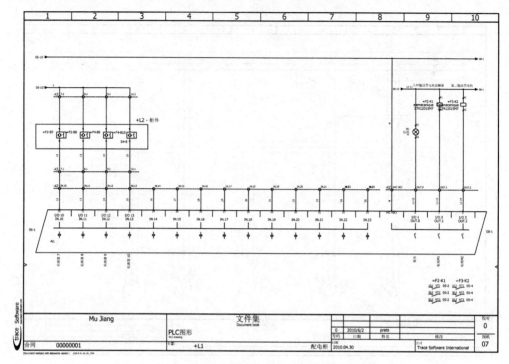

图1.3.21　电气原理图——PLC输入接口图（2）

（7）电气原理图——PLC输出接口图（见图1.3.22）

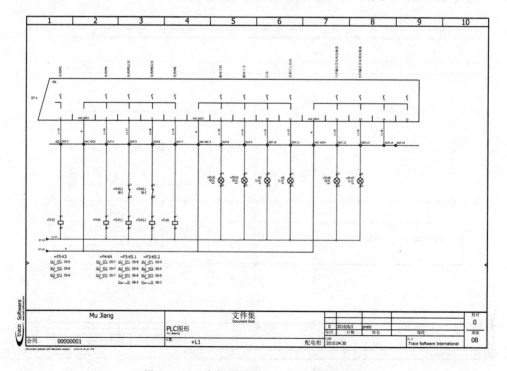

图1.3.22　电气原理图——PLC输出接口图

（8）电气原理图——X1 端子图（见图 1.3.23）

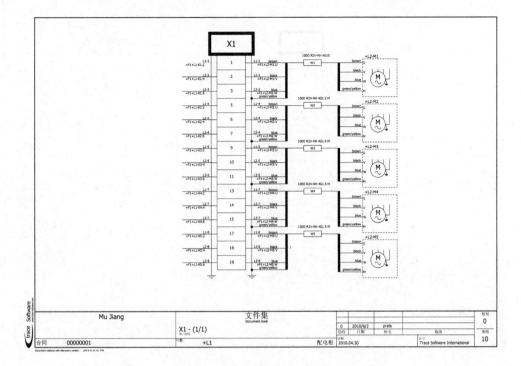

图 1.3.23 电气原理图——X1 端子图

（9）电气原理图——X2 端子图（1）（见图 1.3.24）

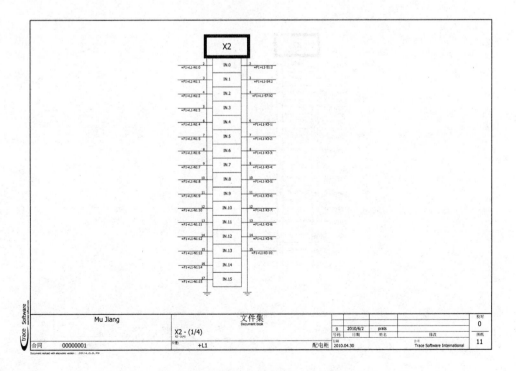

图 1.3.24 电气原理图——X2 端子图（1）

（10）电气原理图——X2 端子图（2）（见图 1.3.25）

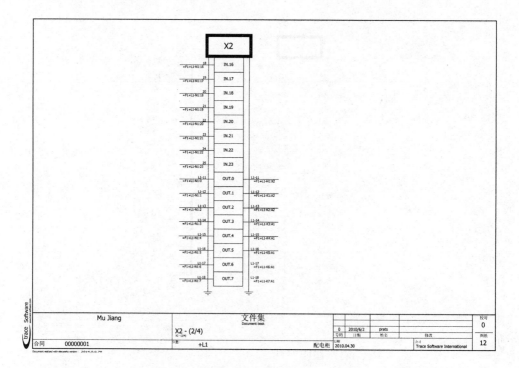

图 1.3.25　电气原理图——X2 端子图（2）

（11）电气原理图——X2 端子图（3）（见图 1.3.26）

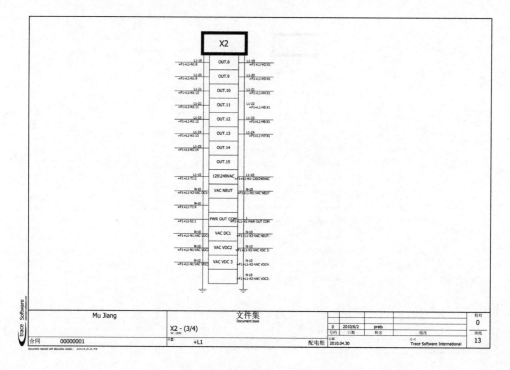

图 1.3.26　电气原理图——X2 端子图（3）

（12）电气原理图——X2 端子图（4）（见图 1.3.27）

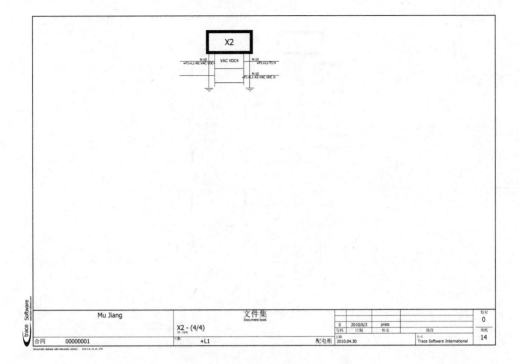

图 1.3.27 电气原理图——X2 端子图（4）

（13）电气原理图——X3 端子图（1）（见图 1.3.28）

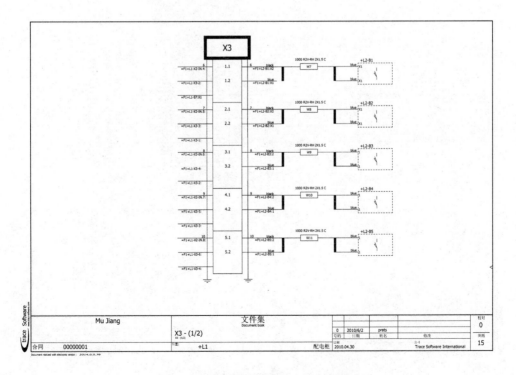

图 1.3.28 电气原理图——X3 端子图（1）

（14）电气原理图——X3 端子图（2）（见图 1.3.29）

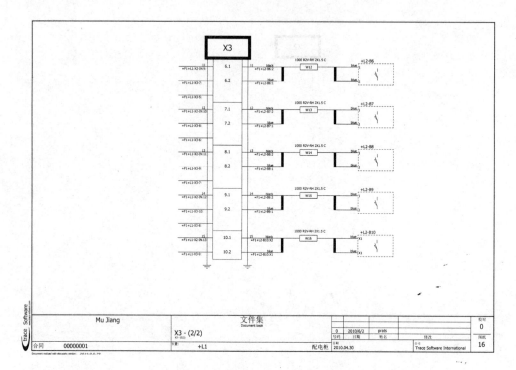

图 1.3.29　电气原理图——X3 端子图（2）

（15）电气原理图——电缆清单（见图 1.3.30）

Mark	Designation	Path	Origin	Destination	Length	Reference
W1	motor for feed conveyer belt	L1<>L2	Cabinet Layout	Outside Cabinet	6219.000000	1000 R2V-RH 4G10
W2	motor for 2nd feed conveyer motor	L1<>L2	Cabinet Layout	Outside Cabinet	4855.000000	1000 R2V-RH 4G1.5 M
W3	motor for 2nd feed conveyer whirl motor	L1<>L2	Cabinet Layout	Outside Cabinet	4451.000000	1000 R2V-RH 4G1.5 M
W4	motor for discharge conveyer belt	L1<>L2	Cabinet Layout	Outside Cabinet	8488.000000	1000 R2V-RH 4G1.5 M
W5	motor for membrane up	L1<>L2	Cabinet Layout	Outside Cabinet	2883.000000	1000 R2V-RH 4G1.5 M
W7	detector B1	L1<>L2	Cabinet Layout	Outside Cabinet	6029.000000	1000 R2V-RH 2X1.5 C
W8	detector B2	L1<>L2	Cabinet Layout	Outside Cabinet	5927.000000	1000 R2V-RH 2X1.5 C
W9	detector B3	L1<>L2	Cabinet Layout	Outside Cabinet	5542.000000	1000 R2V-RH 2X1.5 C
W10	detector B4	L1<>L2	Cabinet Layout	Outside Cabinet	7066.000000	1000 R2V-RH 2X1.5 C
W11	detector B5	L1<>L2	Cabinet Layout	Outside Cabinet	8302.000000	1000 R2V-RH 2X1.5 C
W12	detector B6	L1<>L2	Cabinet Layout	Outside Cabinet	7074.000000	1000 R2V-RH 2X1.5 C
W13	detector B7	L1<>L2	Cabinet Layout	Outside Cabinet	4150.000000	1000 R2V-RH 2X1.5 C
W14	detector B8	L1<>L2	Cabinet Layout	Outside Cabinet	4010.000000	1000 R2V-RH 2X1.5 C
W15	detector B9	L1<>L2	Cabinet Layout	Outside Cabinet	5210.000000	1000 R2V-RH 2X1.5 C
W16	detector B10	L1<>L2	Cabinet Layout	Outside Cabinet	6478.000000	1000 R2V-RH 2X1.5 C

图 1.3.30　电气原理图——电缆清单

（16）电气原理图——PLC 输入/输出清单（见图 1.3.31）

N1

Address	Mnemonic	Function	Manufacturer	Reference	Mark	Description	Comments
IN.2	I/O 3		Allen-Bradley	1747-L40C	N1	Emergency stop	
IN.1	I/O 2		Allen-Bradley	1747-L40C	N1	Auto/Manu	
IN.0	I/O 1		Allen-Bradley	1747-L40C	N1	ON/OFF	
OUT.0	I/O 1		Allen-Bradley	1747-L40C	N1	Under voltage	
OUT.1	I/O 2		Allen-Bradley	1747-L40C	N1	Motor M1	
OUT.2	I/O 3		Allen-Bradley	1747-L40C	N1	Motor M2	
OUT.3	I/O 4		Allen-Bradley	1747-L40C	N1	Motor M3	
OUT.4	I/O 5		Allen-Bradley	1747-L40C	N1	Motor M4	
OUT.5	I/O 6		Allen-Bradley	1747-L40C	N1	M5 forward	
OUT.6	I/O 7		Allen-Bradley	1747-L40C	N1	M5 reversed	
OUT.7	I/O 8		Allen-Bradley	1747-L40C	N1	Motor M6	
OUT.8	I/O 9		Allen-Bradley	1747-L40C	N1	Wrapper down	
OUT.9	I/O 10		Allen-Bradley	1747-L40C	N1	Roll up	
IN.4	I/O 4		Allen-Bradley	1747-L40C	N1	Detector #1	
IN.5	I/O 5		Allen-Bradley	1747-L40C	N1	Detector 2	
IN.6	I/O 6		Allen-Bradley	1747-L40C	N1	Detector 3	
IN.7	I/O 7		Allen-Bradley	1747-L40C	N1	Detector 4	
IN.8	I/O 8		Allen-Bradley	1747-L40C	N1	Detector 5	
IN.9	I/O 9		Allen-Bradley	1747-L40C	N1	Detector 6	
IN.10	I/O 10		Allen-Bradley	1747-L40C	N1	Detector 7	
IN.11	I/O 11		Allen-Bradley	1747-L40C	N1	Detector 8	
IN.12	I/O 12		Allen-Bradley	1747-L40C	N1	Detector 9	
IN.13	I/O 13		Allen-Bradley	1747-L40C	N1	Detector 10	
OUT.10	I/O 11		Allen-Bradley	1747-L40C	N1	Start process	
OUT.11	I/O 12		Allen-Bradley	1747-L40C	N1	Facility stop	
OUT.12	I/O 13		Allen-Bradley	1747-L40C	N1	Load conveyor	
OUT.13	I/O 14		Allen-Bradley	1747-L40C	N1	Unload conveyor	

Mu Jiang		文件集 Document book		0	2010/6/30	broux		校对 0
		PLC 输入/输出清单 PLC Inputs / Outputs list		号码	日期	姓名	修改	图纸
合同	00000001	位置 +L1		配电柜	日期 2010.04.30		公司 Trace Software International	21

图 1.3.31 电气原理图——PLC 输入/输出清单

（17）电气原理图——电缆端子清单（1）（见图 1.3.32）

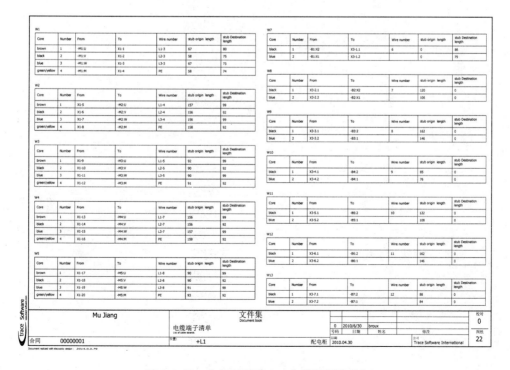

图 1.3.32 电气原理图——电缆端子清单（1）

（18）电气原理图——电缆端子清单（2）（见图1.3.33）

W14

Core	Number	From	To	Wire number	stub origin length	stub Destination length
black	1	X3-8.1	-B8:2	13	128	0
blue	2	X3-8.2	-B8:1		117	0

W15

Core	Number	From	To	Wire number	stub origin length	stub Destination length
black	1	X3-9.1	-B9:2	14	165	0
blue	2	X3-9.2	-B9:1		150	0

W16

Core	Number	From	To	Wire number	stub origin length	stub Destination length
black	1	X3-10.1	-B10:X2	15	100	0
blue	2	X3-10.2	-B10:X1		101	0

图 1.3.33　电气原理图——电缆端子清单（2）

（19）电气原理图——电线清单（1）（见图1.3.34）

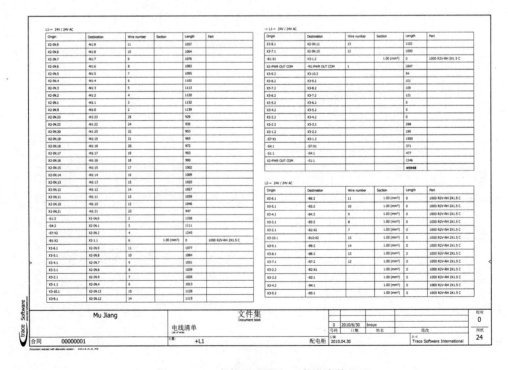

图 1.3.34　电气原理图——电线清单（1）

（20）电气原理图——电线清单（2）（见图 1.3.35）

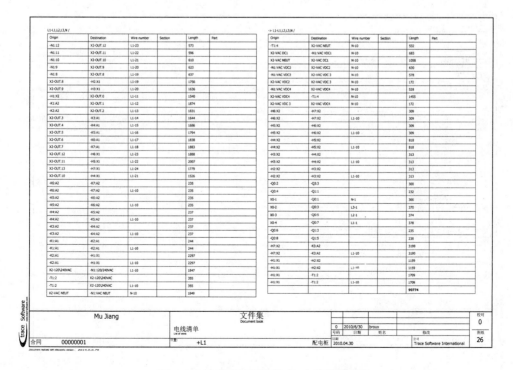

图 1.3.35 电气原理图——电线清单（2）

（21）电气原理图——电线清单（3）（见图 1.3.36）

图 1.3.36 电气原理图——电线清单（3）

(22) 电气原理图——电线清单(4)(见图 1.3.37)

L2-L1,L2,L3,N /

Origin	Destination	Wire number	Section	Length	Part
X1-13	-M4:U	L1-7	1.00 (mm²)	0	1000 R2V-RH 4G1.5 M
X1-14	-M4:V	L2-7	1.00 (mm²)	0	1000 R2V-RH 4G1.5 M
X1-15	-M4:W	L3-7	1.00 (mm²)	0	1000 R2V-RH 4G1.5 M
X1-16	-M4:M	PE	1.00 (mm²)	0	1000 R2V-RH 4G1.5 M
X1-17	-M5:U	L1-8	1.00 (mm²)	0	1000 R2V-RH 4G1.5 M
X1-18	-M5:V	L2-8	1.00 (mm²)	0	1000 R2V-RH 4G1.5 M
X1-19	-M5:W	L3-8	1.00 (mm²)	0	1000 R2V-RH 4G1.5 M
X1-20	-M5:M	PE	1.00 (mm²)	0	1000 R2V-RH 4G1.5 M
X1-5	-M2:U	L1-4	1.00 (mm²)	0	1000 R2V-RH 4G1.5 M
X1-6	-M2:V	L2-4	1.00 (mm²)	0	1000 R2V-RH 4G1.5 M
X1-7	-M2:W	L3-4	1.00 (mm²)	0	1000 R2V-RH 4G1.5 M
X1-8	-M2:M	PE	1.00 (mm²)	0	1000 R2V-RH 4G1.5 M
X1-9	-M3:U	L1-5	1.00 (mm²)	0	1000 R2V-RH 4G1.5 M
X1-10	-M3:V	L2-5	1.00 (mm²)	0	1000 R2V-RH 4G1.5 M
X1-11	-M3:W	L3-5	1.00 (mm²)	0	1000 R2V-RH 4G1.5 M
X1-12	-M3:M	PE	1.00 (mm²)	0	1000 R2V-RH 4G1.5 M
				0	

trace Software

Mu Jiang　　文件集 Document book　　电线清单 List of wires

0　2010/6/30　broux　号码　日期　姓名　修改　校对 0　附纸 27

合同 00000001　位置: +L1　配电柜　日期 2010.04.30　公司 Trace Software International

Document realized with elecworks version: 2014.0.0.79

图 1.3.37　电气原理图——电线清单(4)

(23) 电气原理图——元件清单(1)(见图 1.3.38)

ABB

Part	Mark	Designation	Quantity	Manufacturer
001475	S7	LIDA+L16 250V 5A LAMP MAX60V/1.2	1	ABB
011521613	X3-1 , X3-10 , X3-2 , X3-3 , X3-4 , X3-5 , X3-6 , X3-7 , X3-8 , X3-9		10	ABB
01489	S1 , S4		2	ABB

Allen-Bradley

Part	Mark	Designation	Quantity	Manufacturer
1747-L40C	N1	SLC 500 - PLC block version 24E/16S	1	Allen-Bradley

Entrelec

Part	Mark	Designation	Quantity	Manufacturer
010500220	X1-1 , X1-10 , X1-11 , X1-12 , X1-13 , X1-14 , X1-15 , X1-16 , X1-17 , X1-18 , X1-19 , X1-2 , X1-20 , X1-3 , X1-4 , X1-5 , X1-6 , X1-7 , X1-8 , X1-9		20	Entrelec
010501413	X2-120\240VAC , X2-IN.0 , X2-IN.1 , X2-IN.10 , X2-IN.11 , X2-IN.12 , X2-IN.13 , X2-IN.14 , X2-IN.15 , X2-IN.16 , X2-IN.17 , X2-IN.18 , X2-IN.19 , X2-IN.2 , X2-IN.20 , X2-IN.21 , X2-IN.22 , X2-IN.23 , X2-IN.3 , X2-IN.4 , X2-IN.5 , X2-IN.6 , X2-IN.7 , X2-IN.8 , X2-IN.9 , X2-OUT.0 , X2-OUT.1 , X2-OUT.10 , X2-OUT.11 , X2-OUT.12 , X2-OUT.13 , X2-OUT.14 , X2-OUT.15 , X2-OUT.2 , X2-OUT.3 , X2-OUT.4 , X2-OUT.5 , X2-OUT.6 , X2-OUT.7 , X2-OUT.8 , X2-OUT.9 , X2-PWR OUT COM , X2-VAC DC1 , X2-VAC NEUT , X2-VAC VDC 3 , X2-VAC VDC2 , X2-VAC VDC4		47	Entrelec
011512017	X0-1 , X0-2 , X0-3 , X0-4		4	Entrelec

Hager

Part	Mark	Designation	Quantity	Manufacturer
CGC425F	Q3	DZ10-100/330 Ie=10A	1	Hager
UC912	L1	Horizontal duct for cabling 30X80 L500	7	Hager

Legrand

Part	Mark	Designation	Quantity	Manufacturer
34481	L1	EN rail 50035 - for cabinet l. 600mm - rail L 490mm ,	4	Legrand

trace Software

Mu Jiang　　文件集 Document book　　元件清单 Bill of materials

0　2010/6/30　broux　号码　日期　姓名　修改　校对 0　附纸 28

合同 00000001　位置: +L1　配电柜　日期 2010.04.30　公司 Trace Software International

Document realized with elecworks version: 2014.0.0.79

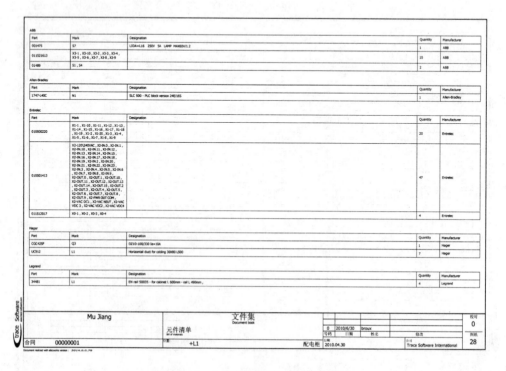

图 1.3.38　电气原理图——元件清单(1)

（24）电气原理图——元件清单（2）（见图 1.3.39）

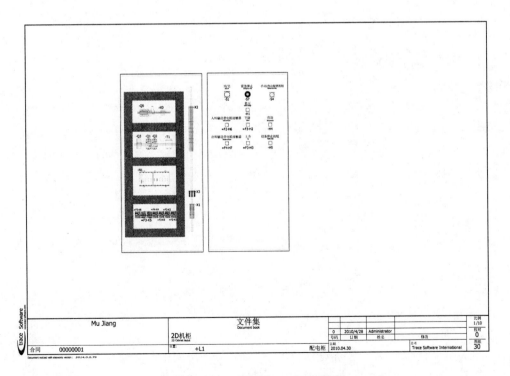

Merlin Gerin					
Part	Mark	Designation		Quantity	Manufacturer
02518	L1	UP Box door transparent 640*850*300		1	Merlin Gerin
33441	Q0			1	Merlin Gerin
Moeller					
Part	Mark	Designation		Quantity	Manufacturer
002387	K1 , K2 , K3 , K4 , K5 , K6 , K7	electromagnetic contactor +TAIAN+CN-35S 380V 20VA		7	Moeller
Siemens					
Part	Mark	Designation		Quantity	Manufacturer
4AT3931-4T310-0C	T1	220V		1	Siemens
Telemecanique					
Part	Mark	Designation		Quantity	Manufacturer
9001KP1W31	H2 , H3 , H4 , H5 , H6 , H7			6	Telemecanique
GV2M10A6	Q2			1	Telemecanique
GV2M21A39	Q1			1	Telemecanique
XB2BV3S06	H1	LIDA+L16 250V 5A LAMP MAX60V/1.2		1	Telemecanique
Wago					
Part	Mark	Designation		Quantity	Manufacturer
286-870/150-030	J1	Temperature transducer 3-wire connection with error output for broken wire and short-circuit of tensor		1	Wago
Leroy Somer					
Part	Mark	Designation		Quantity	Manufacturer
LS100L-4P(3)	M1 , M2 , M3 , M4	JO2-4 75KW 380V , JO2-4 180KW 380V		4	Leroy Somer
LS80L-2P(0.75)	M5	R1051/CBI425R-702+4GC25K 25KW 380V		1	Leroy Somer
Moeller					
Part	Mark	Designation		Quantity	Manufacturer
030770	B2	E3S-AR61 2M 10 TO 30VO		1	Moeller
030775	B1 , B3 , B4 , B5 , B6 , B7 , B8 , B9	E3S-AR61 2M 10 TO 30VO , G451 E32-CC200 DC30V		8	Moeller
Siemens					
Part	Mark	Designation		Quantity	Manufacturer
3RG4062-3CD00	B10	PROXIMITY SWITCH BERO M14 BLOCK-TYPE INDUCTIVE, DC 15 UP TO 34V, 5MM NOT FLUSH, NO + NC, 300MA, PNP PLUG-IN CONNECTION M12 4 C.		1	Siemens

图 1.3.39　电气原理图——元件清单（2）

（25）电气柜——2D 机柜图（见图 1.3.40）

图 1.3.40　电气柜——2D 机柜图

（26）电气柜——配电柜图（见图 1.3.41）

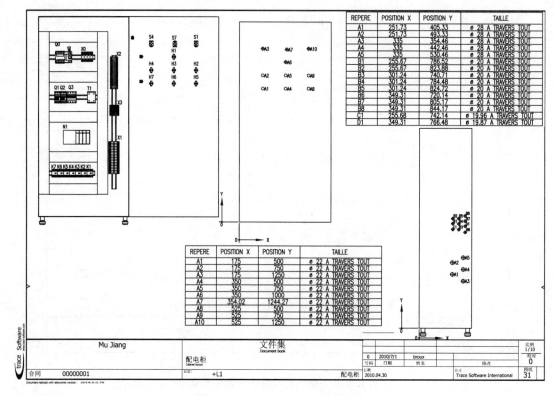

图 1.3.41　电气柜——配电柜图

2 西门子数控系统应用综合实训

本章导读:本章主要围绕西门子数控系统应用展开研究,包含两个综合训练项目。2.1 节讲述西门子 SINUMERIK 808D 在数控车床上的具体应用;2.2 节讲述西门子 SINUMERIK 828D 在加工中心上的具体应用。

2.1 综合实训项目 1——数控车床

西门子 SINUMERIK 808D 数控系统是一款面向全球市场的、以面向标准数控车床和铣床为主的经济型数控系统解决方案。标准车床应用车床版的数控系统,该系统可以控制 3 个轴,其中有两个进给轴和一个模拟量的主轴。在本节中,将针对该系统在数控车床上的基本配置情况及主要部件的组成进行介绍,主要包含西门子 SINUMERIK 808D 数控系统的硬件介绍、软件介绍和系统调试三部分内容。

通过采用智能、坚固和易于操作的硬件方案,在机床组装方面,SINUMERIK 808D 绝对是省钱的高手。通过卡扣就可以安装好数控单元和机床控制面板,省去了钻孔和攻丝的工作。得益于模块化概念,机床制造商可以选择使用 SINUMERIK 808D 机床控制面板。使用 SINU-MERIK 808D 机床控制面板时,通过更换插条就可以将预定义按键标签改变成机床专用标签。最方便的是 SINUMERIK 808D 机床控制面板通过 USB 接口进行通信,即插即用。数控车床配置如图 2.1.1 所示;加工中心(或铣床)配置如图 2.1.2 所示。

图 2.1.1 数控车床配置　　　　　　**图 2.1.2 加工中心(或铣床)配置**

2.1.1 实训目的和要求

1)实训目的

(1)学习西门子 SINUMERIK 808D 数控系统的组成;

(2)学习西门子 SINUMERIK 808D 数控系统硬件连接;

（3）学习西门子 SINUMERIK 808D 数控系统的 PLC 指令及编程；

（4）学习西门子 SINUMERIK 808D 数控系统的配置与调试。

2）实训要求

（1）学习 SINUMERIK 808D 数控系统的硬件组成与配置；

（2）学习根据系统硬件连接手册，设计数控车床电气原理图；

（3）按照电气原理图，完成系统安装及接线任务；

（4）熟悉系统上电调试步骤，具体包括参数设定、PLC 初始化、机床基本功能和动作的调试以及数据的备份与恢复；

（5）能够在掌握基本装调技能的前提下，熟练修改和调试 PLC 程序；

（6）在调试过程中出现故障时，学会诊断和排除故障。

2.1.2　西门子 SINUMERIK 808D 数控系统硬件介绍

西门子 808D 数控系统是由系统 PPU、MCP 和驱动器等各种组件构成，不同的组件部分分别对应有相应的组件包。它的数控系统的配置和功能是设计和生产数控机床的重要组成部分，要根据实际机床机械配比和用户的需求情况去配置系统。西门子 808D 数控系统可以使用多种功能，例如：机床操作面板（MCP）上的 USB 接口可用于执行加工程序和数据传输，支持 T/S/M 功能并且能实现带图形辅助的刀具和工件的测量，能支持带图的工艺循环编辑界面和轮廓计算器，兼容 ISO 编程语言等。

1）西门子 SINUMERIK 808D 系统

（1）西门子 SINUMERIK 808D 数控系统 PPU，正面如图 2.1.3 所示；背面如图 2.1.4 所示，接口对照见表 2.1.1 所示。

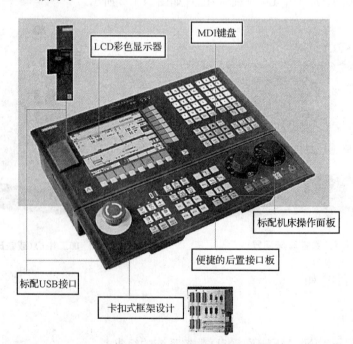

图 2.1.3　SINUMERIK 808D 数控系统 PPU 正面

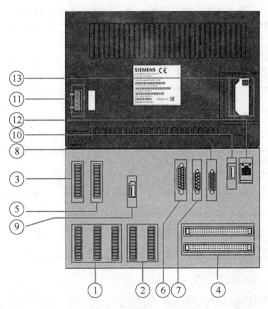

图 2.1.4 SINUMERIK 808D 数控系统 PPU 背面

表 2.1.1 系统接口对应表

接口编号	对应接口	接口名称
PPU 背面		
①	X100,X101,X102	数字输入接口
②	X200,X201	数字输出接口
③	X21	快速输入/输出接口
④	X301,X302	分布式输入/输出接口
⑤	X10	手轮输入接口
⑥	X60	主轴编码器接口
⑦	X54	模拟主轴接口
⑧	X2	RS232 接口
⑨	X126	Drive Bus 总线
⑩	X30	USB 接口,用于连接 MCP
⑪	X1	电源接口,+24 V 直流电源
⑫	X130	以太网口
⑬	—	系统软件 CF 卡插槽
PPU 正面		
⑭	—	USB

(2) 数字量输入接口 X100、X101、X102

在西门子 SINUMERIK 808D PPU 上,提供了 3 个使用端子排的数字量输入接口 X100、X101 和 X102,如表 2.1.2 所示。

表 2.1.2　数字量输入接口 X100、X101、X102

针　脚	X100(DIN0)	X101(DIN1)	X102(DIN2)	注　释
1	N. C	N. C	N. C	未分配
2	I0. 0	I1. 0	I2. 0	数字量输入
3	I0. 1	I1. 1	I2. 1	数字量输入
4	I0. 2	I1. 2	I2. 2	数字量输入
5	I0. 3	I1. 3	I2. 3	数字量输入
6	I0. 4	I1. 4	I2. 4	数字量输入
7	I0. 5	I1. 5	I2. 5	数字量输入
8	I0. 6	I1. 6	I2. 6	数字量输入
9	I0. 7	I1. 7	I2. 7	数字量输入
10	M	M	M	外部接地

（3）数字量输出接口 X200,X201

在西门子 SINUMERIK 808D PPU 上,提供了 2 个带有端子排的数字量输出接口 X200 和 X201,如表 2.1.3 所示。

表 2.1.3　数字量输出接口 X200,X201

针　脚	X200(DOUT0)	X201(DOUT1)	注　释
1	+24 V	+24 V	+24 V 输入(20.4~28.8 V)
2	Q0. 0	Q1. 0	数字量输出
3	Q0. 1	Q1. 1	数字量输出
4	Q0. 2	Q1. 2	数字量输出
5	Q0. 3	Q1. 3	数字量输出
6	Q0. 4	Q1. 4	数字量输出
7	Q0. 5	Q1. 5	数字量输出
8	Q0. 6	Q1. 6	数字量输出
9	Q0. 7	Q1. 7	数字量输出
10	M	M	外部接地

（4）西门子 SINUMERIK 808D PPU 上除了基本的 3 个数字量输入接口和 2 个带有端子排的数字量输出接口 X200 和 X201,还有 1 个数字量快速输入/输出接口 X21,如表 2.1.4 所示。

表 2.1.4　数字量快速输入/输出接口 X21

针　脚	信　号	注　释
1	+24 V	+24 V 输入(20.4~28.8 V)
2	NCRDY - 1	NCRDY 触电 1
3	NCRDY - 2	NCRDY 触电 2
4	DI1	数字量输入,用于连接测量探头 1
5	DI2	数字量输入,用于连接测量探头 2
6	BERO - SPINDLE 或者 DI3	主轴 Bero 或者数字量输入

针　脚	信　号	注　释
7	DO1	快速输出
8	CW	主轴顺时针旋转
9	CCW	主轴逆时针旋转
10	M	外部接地

（5）数字量分布式输入/输出接口 X301，X302

为了满足机床制造商和使用者的特殊需要，除了基本的 3 个数字量输入接口和 2 个数字量输出接口之外，西门子 SINUMERIK 808D PPU 上还配备了 2 个 50 针的数字量分布式输入/输出接口 X301 和 X302。

（6）手轮输入接口 X10

西门子 SINUMERIK 808D PPU 为手轮配备了专用的连接接口 X10，最多可以同时连接并使用两个电子手轮，如表 2.1.5 所示。

表 2. 1. 5　手轮输入接口 X10

针　脚	信　号	注　释
1	1A	A 相脉冲，手轮 1
2	−1A	B 相脉冲负，手轮 1
3	1B	B 相脉冲，手轮 1
4	−1B	B 相脉冲负，手轮 1
5	+5 V	+5 V 电源输出
6	M	接地
7	2A	A2 相脉冲，手轮 2
8	−2A	A2 相脉冲负，手轮 2
9	2B	B2 相脉冲，手轮 2
10	−2B	B2 相脉冲负，手轮 2

（7）模拟量主轴接口 X54

在西门子 SINUMERIK 808D PPU 上有一个模拟量主轴接口 X54，用于将西门子 SINU-MERIK 808D PPU 与主轴变频器或者伺服主轴驱动器进行连接。X54 模拟量主轴接口的主要工作原理是将西门子 SINUMERIK 808D PPU 处理过的控制信号通过 0～±10 V 模拟量信号输出至所连接的主轴变频器或者伺服主轴驱动器的相应接口上，从而实现对于主轴变频器或者伺服主轴驱动器的指令控制。

（8）主轴编码器接口 X60

与模拟量主轴接口 X54 相配合，在西门子 SINUMERIK 808D PPU 上还留有一个主轴编码器接口 X60，用于将数控系统与主轴增量编码器进行连接。

（9）RS232 串口通信电缆接口 X2

在西门子 SINUMERIK 808D PPU 上，可支持使用 RS232 串口通信电缆完成与外部的 PC/PG 之间的数据交换或 PLC 传输等通信需求，需使用西门子 SINUMERIK 808D PPU 后侧的 RS232 串口通信电缆接口 X2。

（10）电源接口 X1

西门子 SINUMERIK 808D PPU 使用 24 V 直流电源进行供电，接口 X1 作为西门子 SINUMERIK 808D PPU 直流 24 V 电源的供电接口。

（11）西门子 SINUMERIK 808D PPU 与 MCP 通信接口 X30/X10

西门子 SINUMERIK 808D PPU 与 MCP 之间通过一根 USB1.1 通信电缆进行通信连接，在西门子 SINUMERIK 808D PPU 上的 USB 接口为 X30；而在西门子 SINUMERIK 808D MCP 上的 USB 接口为 X10。

（12）西门子 SINUMERIK 808D PPU 上的其他接口

除了上述接口外，西门子 SINUMERIK 808D PPU 上还有几个主要接口，USB 通信接口，电池及 CF 卡槽接口。

2）伺服驱动器 SINAMICS V70 及电机

西门子 SINAMICS V70（见图 2.1.5）在设计上充分考虑了产品易用性，采用直观简洁的 SINAMICS V‐Assistant 调试工具，方便快捷地实现参数设定、试运行、排障和监控等功能。SINAMICS V70 提供丰富全面的接口，能满足多种应用需求；双通道脉冲接口可以便捷地实现驱动器与 PLC 或运动控制器的连接；端子在提供默认参数分配的基础上支持接口自定义，保证标准应用方便性的同时，也为特殊应用提供了灵活性。

图 2.1.5　SINAMICS V70 及电机

作为西门子全球发布的一款标准型产品，西门子 SINAMICS V70 驱动器将多种控制模式集于一体，支持外部脉冲位置控制、内部设定值位置控制、速度和扭矩控制，适用于多样化的应用场合。同时，全功率驱动器（0.4～7 kW）还标配内置制动电阻。SINAMICS V70 丰富且高度集成的模式，使其具有更高的性价比。

通过实时参数自动优化和自动谐振抑制功能，西门子 SINAMICS V70 能够兼顾设备平滑运行和高动态性能。此外，它还支持最高为 1 MHz 脉冲输入和 20 位高分辨率绝对值编码器，充分保证了高精度定位，降低低速脉动。伺服电机的 3 倍过载能力，以及驱动器与电机的最佳匹配，保证了更为优化的伺服性能，提高了机器生产率和稳定性。

3）西门子 SINUMERIK 808D 系统各单元间的连接

西门子 SINUMERIK 808D 系统各单元间的连接，如图 2.1.6 所示。

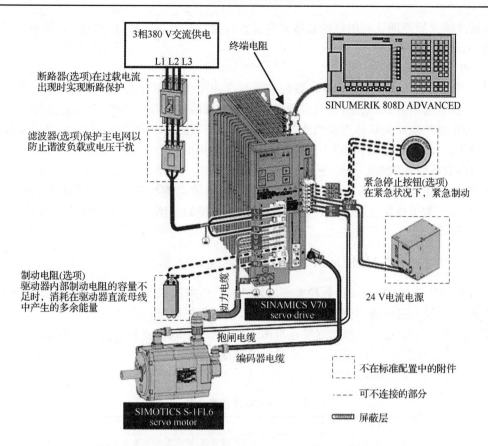

图 2.1.6　西门子 SINUMERIK 808D 系统各单元间的连接

（1）与驱动器 V70 及电机的连接

数控车床的 V70 驱动模块可以分为 X 轴驱动器和 Z 轴驱动器。对于西门子 V70 驱动器而言，控制进给轴（伺服轴）即 X 轴和 Z 轴，相关的连接接口主要有主电源接口、电动机动力输出接口、电动机抱闸接口、24 V 直流电源接口、NC 脉冲输入接口、数字量输入/输出接口以及编码器接口。

西门子 V70 驱动器所使用主供电电源为三相 220 V 交流电源供电，通过驱动器上的主电源接口 L1、L2、L3 接入。

当衔接伺服驱动器时，为了保证设备的正常工作，供应伺服驱动器的电动机的能源线一定要带有屏蔽，并且还要将屏蔽接地，反馈线亦然，而且为了避免产生干扰，这两根线要分开接地。

（2）I/O 的连接

PLC 中的输入设备有行程开关、按钮等，输出设备有热继电器、交流接触器等。为了使 PLC 能够安全地工作，我们必须把 I/O 电路连接正确。

除了在西门子 SINUMERIK 808D PPU 后侧提供 24 个数字输入接口和 16 个数字输出接口之外，还提供 3 个快速数字输入接口和 1 个快速数字输出接口；此外，西门子 808D PPU 还可以通过 50 针分布式数字输入/输出接口 X301 和 X302，扩展出额外的 48 个数字输入接口和 32 个数字输出接口，使得整个西门子 SINUMERIK 808D PPU 的数字量工作接口共达到 72 个数字输入接口和 48 个数字输出接口。

（3）急停的连接

急停控制的目的是在紧急情况下，使机床上的所有运动部件在最短时间内停止运行。

（4）电机制动的连接

电机制动的方式有两种，一种是用机械控制的制动，还有一种是用电气控制的制动，机械控制的制动或减速的原理是利用机械装备来夹紧主轴的。关于电气控制的制动,经常使用的有直流制动、能耗制动等。

(5) 电源的连接

对于西门子 SINUMERIK 808D 数控系统而言,可以将接线过程中所需要使用到的电源主要分为主电源电路和控制电路,在主电源电路中主要包括有电源的进线、总开关以及与冷却、润滑、排屑等辅助功能相关联的电动机连接。需要格外注意的是,作为西门子 SINUMERIK 808D 数控系统中的重要组成部件,西门子 V70 驱动器所使用的动力电源为三相 220 V 交流电而不是由主电源直接引入的 380 V。

在西门子 SINUMERIK 808D PPU 和西门子 V60 驱动器组件上都会使用到直流 24 V 电源。一般来说,为了确保这两个部件的稳定运行,所选择的直流 24 V 电源输出电压有效范围为 20.4～28.8 V。

2.1.3　西门子 SINUMERIK 808D 数控系统软件介绍

西门子 SINUMERIK 808D 数控系统的软件设计也遵从于人性化的理念,许多快捷键的定义和电脑一致,从而进一步增强了操作的便捷性,而且易于使用和掌握。

为了使 808D Advanced 能够安装在机床上,需要以下软件支持。这些软件使得机床制造商能为自己的机床创建 PLC 程序。服务软件及其他的软件存储在一个名为 Toolbox CD 上,它是随包发货的。在 Toolbox 中的软件,如表 2.1.6 所示。

表 2.1.6　软件包清单表

AMM	数据传输,调试机床
Config. data	车床系统/铣床系统的配置文件
Programming tool PLC	创建和装载 PLC 程序
PLC Library	PLC 程序
SinucomPCIN	数据传输

1) Toolbox 软件

Toolbox 软件安装步骤如下:

第 1 步:使用"Setup. exe"文件将以上软件安装至电脑中,如图 2.1.7 所示。

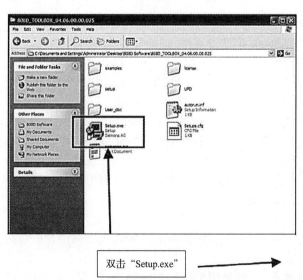

双击"Setup.exe"

图 2.1.7　Toolbox 软件安装界面

第2步:点击"Accept"接受软件许可证,如图2.1.8所示。

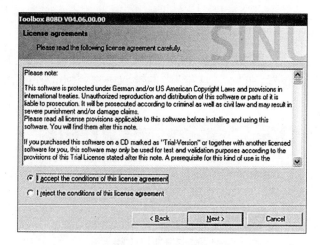

图2.1.8 软件许可证界面

第3步:选择需要安装的语言,如图2.1.9所示。

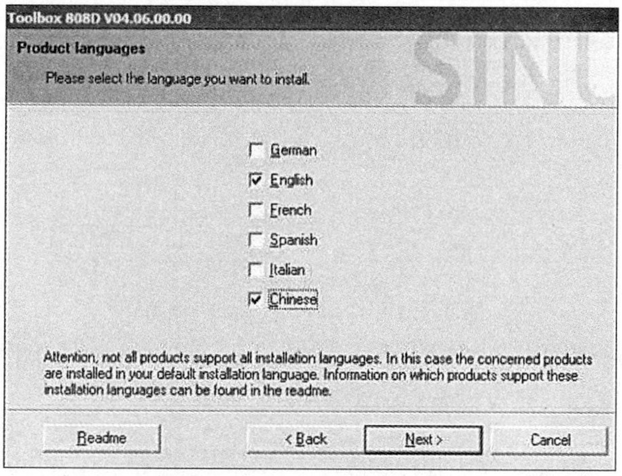

图2.1.9 安装语言界面

第4步:如果PC中已安装了其中的一部分文件,可通过勾选选择想要安装的文件。(未选中的文件将不会被安装)安装过程中会出现多个对话框。请认真阅读对话框中的信息,输入并确认需要在电脑中安装该软件的区域。

大概需要30分钟时间完成全部软件包的安装。安装完成后,桌面会出现相应的快捷方式图标。

其中,AMM软件是一个多功能软件,可用于数据传输,加工程序传输、服务及调试。

该软件是与每台控制器相匹配的Toolbox软件的一部分,安装步骤与前面的指导步骤相同。使用该软件可以使控制器上的数据保存到外部连接的电脑上作为备份数据。同时,所保存的数据还可以在需要的时候回传至控制器中。此外,没有在控制器上创建的数据,例如NC零件程序,可以通过相同的方式传输到控制器上。

该软件还具有一个称为"远程控制"的功能,该功能可以在PC端实时地远程显示控制器上的显示画面,同时也可以在PC端修改控制器上当前显示的数据。

2）软件连接

（1）采用直接连接的方式与该软件连接的步骤

第1步：设置 PC 的 IP 地址。

确保已使用网线完成 PC 网络端口与 PPU 后侧 X130 端口之间的连接。

打开 PC 的网络连接设置，在"本地连接"中左键双击选择"Internet 协议（ TCP/IP ）"，如图 2.1.10所示。

图 2.1.10　"Internet 协议"界面

第2步：在弹出的对话框中选择"使用下面的 IP 地址"，并根据右侧图示进行参数填写。正确填写后，点击"确定"完成设置，如图 2.1.11 所示。

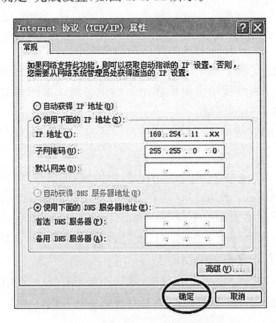

图 2.1.11　"IP 地址"设置界面

第3步：设置 PPU 上的 AMM 设置选项。

PPU 上"Alt＋N"键进入"机床配置"主页，按 PPU 上面的"AMM 设置"键，如图 2.1.12 所示。

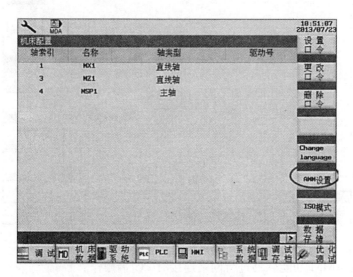

图 2.1.12 "机床配置"主页

第4步：进入 AMM 设置界面之后，根据实际需要选择相应的权限，按 PPU 右侧的"激活"激活修改设置，如图 2.1.13 所示。设置激活后按 PPU 上"返回"键位返回机床配置主页面。

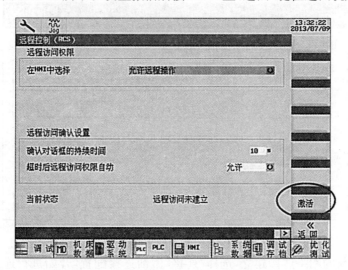

图 2.1.13 AMM 设置界面

第5步：使用 AMM 功能软件进行网络连接时 PPU 端操作。

确保当前已在"机床配置"主页面。

按 PPU 上的"服务显示"键。

按 PPU 上的"系统通信"键，进入连接控制界面。

按 PPU 右侧的"直接连接"启动 PPU 与 PC 之间的 AMM 连接，如图 2.1.14 所示。

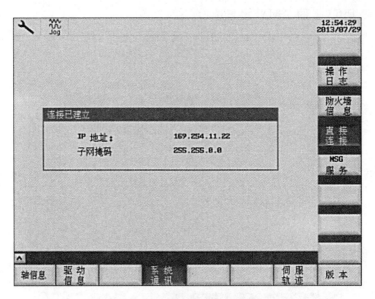

图 2.1.14　系统通讯界面

第 6 步：使用 AMM 功能软件进行网络连接时 PC 端操作。

完成上述步骤后，在 PC 上启动 AMM 功能软件。

在弹出的对话框中选择"新建网络连接"，如图 2.1.15 所示。

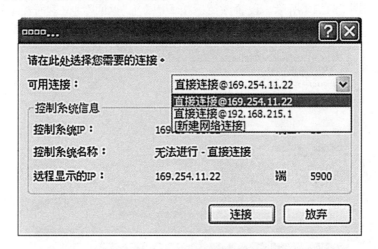

图 2.1.15　"新建网络连接"界面

第 7 步：此时新的网络连接建立，选择"连接"激活连接配置，开始进行连接。完成连接后，PC 端出现如图 2.1.16 所示操作界面。其中，上半部分显示的为 PC 端存储的文件序列和相应路径，下半部分显示的为 PPU 端存储的文件序列和相应路径。

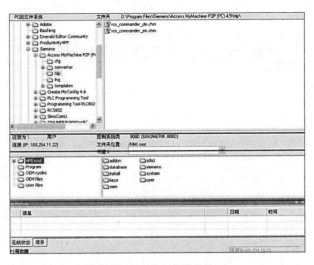

图 2.1.16　PC 端操作界面

（2）连接 PLC 编程软件的步骤

第 1 步：要确保 PLC 编程工具可以连接至 PPU。按下通讯图标，如图 2.1.17 所示。双击这个图标，如图 2.1.18。

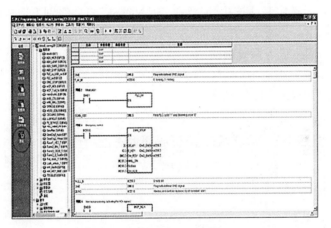

图 2.1.17　PLC 编程界面

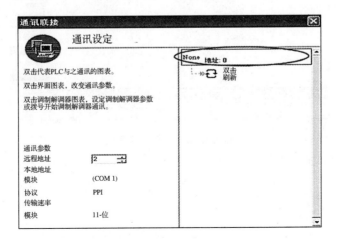

图 2.1.18　通讯设定界面

第 2 步：使用网线端口连接对 808D 进行通信设置时选择"TCP/IP"，如图 2.1.19 所示。

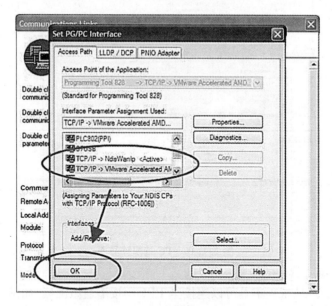

图 2.1.19　通信设置界面

第 3 步：在 808D 上选定激活连接（需要在"SUNRISE"口令级别下完成相关操作）。
具体操作步骤如下：

①按下按键 █ + █，进入系统画面。

②按下按键 ＞。

③按下软键 █ 服务 显示，如图 2.1.20 所示。

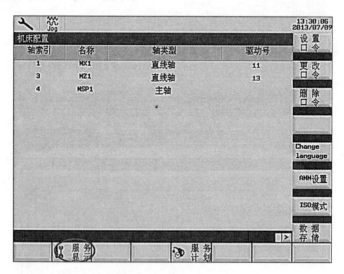

图 2.1.20　设置口令界面

④按下软键 █ 系统 通讯，如图 2.1.21 所示。

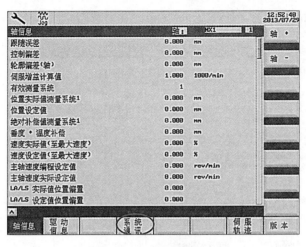

图 2.1.21 轴信息界面

⑤按下软键 直接连接，如图 2.1.22 所示。

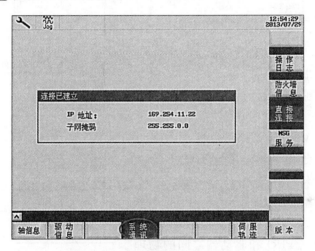

图 2.1.22 "系统通讯"连接界面

⑥继续在电脑端确认左侧所示(1)、(2)步操作，如图 2.1.23 所示。

图 2.1.23 "IP 地址"输入界面

⑦连接已建立,如图 2.1.24 所示。

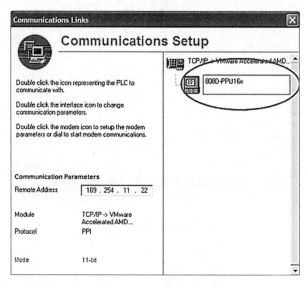

图 2.1.24　通讯连接完成界面

(3) 通电和总清步骤

第 1 步:接通控制器之前,你需要熟悉 PPU 和 MCP 的操作。

①PPU 接通 24 V 直流(X1);

②V70 驱动器接通 3 相 380 V 交流电(L_1、L_2、L_3);

③检查 PPU 正面的 LED 指示灯是否在准备状态,如表 2.1.7 所示。

第 2 步:每当完成 PPU 和驱动器之间的物理

表 2.1.7　PPU 前端 LED 灯的状态

LED	颜　色	说　明
电源	绿色	数控系统供电正常
电源	绿色	数控系统供电正常且 PLC 处于运行状态
就绪	黄色	PLC 处于停止状态
	红色	数控系统处于停止状态
温度	绿色	数控系统温度过高
	无灯显示	数控系统的温度在合适的范围内

连接并首次通电后,PPU 会自动比对其内部备份的驱动器数据和当前驱动器中的数据。如果未找到备份数据,PPU 将自动创建一个新的备份文件,并出现以下对话框,如图 2.1.25 所示。

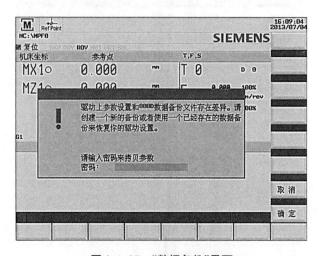

图 2.1.25　"数据备份"界面

如果驱动器数据不同于 PPU 中的备份数据,则需要一个数据同步的过程来同步 PPU 中的驱动器备份数据和当前驱动器中的数据用光标键选择一个驱动器,按下 🔲 给每个驱动器选择一个同步方式。按保存键以确定设置并且开始数据同步,如图 2.1.26 所示。

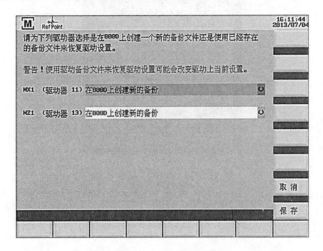

图 2.1.26　驱动器备份数据

第 3 步:在同步成功结束后,将会弹出以下对话框,如图 2.1.27 所示。

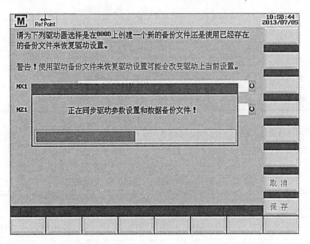

图 2.1.27　数据备份中

之后出现下面的对话框,如图 2.1.28 所示。

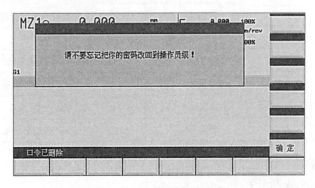

图 2.1.28　数据备份完成

第 4 步：检查 V70 驱动器正面的 LED 指示灯是否处于准备状态，V70 上数码管正常状态显示应为 S-Off，如图 2.1.29 所示。

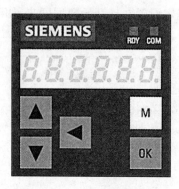

图 2.1.29　V70 驱动器面板

SINAMICS V70 驱动器状态描述如表 2.1.8 所示。

表 2.1.8　SINAMICS 驱动器状态

条　目	描　述
8.8.8.8.8.8	驱动初始化，该过程持续大概 20~30 秒
—	驱动正忙
S-Off	运行显示：伺服中断
S-RUN	驱动正在运行中
A 01…A 45	报警代码
F 01…F 45	故障代码

LED 状态指示：2 个 LED 状态指示（RDY 和 COM）用于指示驱动就绪状态以及各自的通信状态，如表 2.1.9 所示。

表 2.1.9　SINAMICS 驱动器状态（续）

状态指示	颜　色	状　态	描　述
RDY	—	中断	24 V 控制板电源缺失
	绿色	持续闪烁	驱动就绪
	红色	持续闪烁	缺少使能信号或驱动正在启动状态
		一秒闪烁一次	有报警或故障出现
	橙色	一秒闪烁两次	伺服驱动定位
COM	—	中断	与 CNC 通信未激活
	绿色	两秒闪烁一次	与 CNC 通信激活
		1 秒闪烁 2 次	SD 卡运行中（读或写）
	红色	持续闪烁	与 CNC 通信出现错误

第 5 步：V70 驱动参数设置。

将端子 X10 上的总线断开；

①装载"默认数据"

a. 重复按 M 键(直到出现"FUNC");

b. 按 OK 键;

c. 按键(直到出现"DEFAUL");

d. 按 OK 键;

e. 显示屏变白(此过程持续大概 20 s 左右)

(显示屏显示"S-Off"或出现一故障代码)

②保存数据

a. 重复按 M 键(直到出现"FUNC");

b. 按 OK 键;

c. 按键(直到出现"SAVE");

d. 按 OK 键持续 2 s 以上;

e. 显示屏变白(此过程持续大概 20 s 左右)(显示屏显示"S-Off"或出现一故障代码)

将端子 X10 上总线接好。

第 6 步:调试控制器之前必须加载标准 NC 数据,设置制造商密码以及日期和时间。

①设置密码

按下按键 ⌨ + ⌨ ;

按下软键 ⌨ ;

输入"SUNRISE";

按下软键"接收"即可,如图 2.1.30 所示。

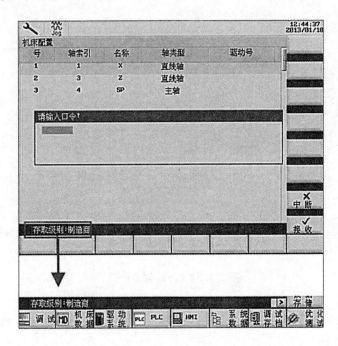

图 2.1.30　口令输入界面

②设置时间和日期

按下按键 ⌨ HMI ;

按下软键 ⌨ ;

通过以下按键配合数字键,完成设置,如图 2.1.31 所示。

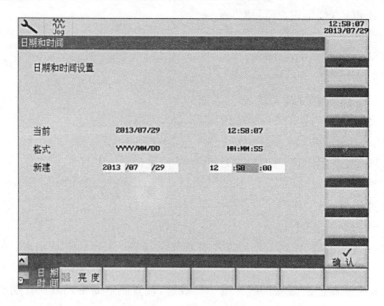

图 2.1.31　日期和时间设置界面

③加载标准数据

PPU 需要先通电,当 PPU 显示如下画面时(见图 2.1.32)。

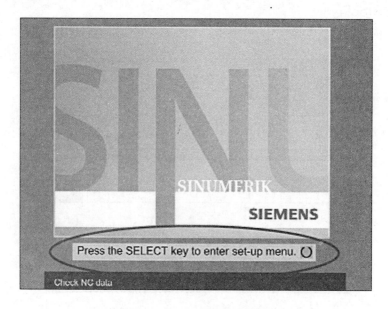

图 2.1.32　PPU 显示画面

按下 ;

在接下来的画面(见图 2.1.33)中选择"使用默认数据调试",使用按键 ;

按下 ,接受选择。

装载标准默认数据之后会出现报警提示"4060"和"400006",可以通过按键 或 消除该报警提示。

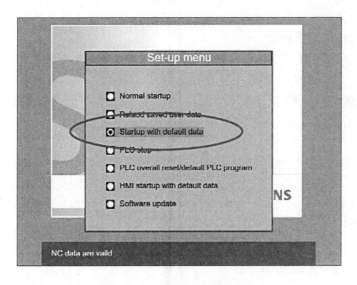

图 2.1.33 装载标准默认数据

完成上述操作后需要重新设置密码。

④设置语言

载入系统语言:可以在控制器中载入一种新的系统语言或升级已存在的语言。西门子以存档文件的形式提供各种语言。

⑤选项功能

选项功能许可证:为了激活"选项",需要申请一个新的选项功能许可证,输入相应的数字密码后方可获得更多信息。

继续按软键 ，在弹出的文件框中输入相应的数字许可密码即可。

当一个许可证密码被输入之后,相应的选项功能即可激活使用。

2.1.4 西门子 SINUMERIK 808D 数控系统调试

完成 PLC 程序的修正后,接下来可以进行机床调试了。所谓机床调试就是结合实际的应用需要,对数控系统里的机床参数进行正确的设置和调整。以此来保证机床可以稳定而又正常地进行工作。

1) 做好调试准备

在机床的实际工作中,为了能顺畅地完成机床调试和后续的调试工作,一般在调试之前做好充分的准备。准备工作包括机床通电和系统口令权限设置。

（1）机床通电

在机床通电之前要先对全部电气连接做检查,检查是否完好,要确保所有的接线是遵照电气设计的规定连接的,并保证线路完好。做好接地保护和绝缘保护,没有短路等情况。

在检查完接线没有错误的情况下,可以对西门子 808D 系统进行通电操作了。通电后,要仔细观察西门子 SINUMERIK 808D 数控系统驱动器的通电初始化和它们的运行状况。在实际工作中,可以观看西门子 SINUMERIK 808D 系统的面板处理单元上的指示灯和驱动器上的指示灯,来判断系统和驱动器是否能正常工作。

（2）口令设置

机床通完电后要在西门子 SINUMERIK 808D 数控系统中设置相应的权限口令,为后续的机床操作及数据的读取和设置等相关工作做好准备。

①与口令所对应的操作权限

a. 在未设置口令权限状态下,可以执行如下操作:读取部分机床数据、零件程序编辑、设置偏置补偿值、测量刀具、调用 R 参数、使用操作向导;

b. 在"用户"级别下,可以执行如下操作:口令未设置状态下的全部操作、输入或修改部分机床数据、在线查看程序列表、调用 HMI 自定义界面;

c. 在"制造商"级别下,可以执行如下操作:在"用户"级口令下的全部操作、在线查看 PLC 程序、输入或修改所有机床数据。除此之外,西门子 808D 数控系统还可以根据实际的应用需要,在制造商口令的权限下,对于某些功能区内的常用操作项所需要的权限口令级别进行修正。一般主要有以下几类:刀具补偿及零点偏移、设定数据、RS-232 设定、程序编制/程序修改。

②口令权限的设置方式

首先进入口令设置界面,在数控系统开机时,同时点击 PPU 上的"上档"和"诊断"键,然后按下"设置口令"键,进入口令设置界面。

2) 使用样例 PLC 进行原型机调试的步骤

第 1 步:启用向导。

按下"在线向导"键,PPU 显示如下界面,如图 2.1.34 所示。

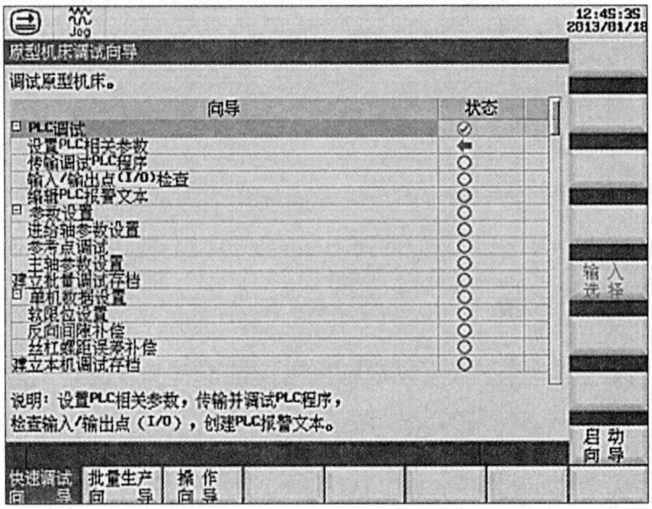

图 2.1.34 调试向导

按下"启动向导"键,在显示的窗口栏中输入 PLC 相关的机床数据值。

第 2 步:设置 PLC 相关机床参数。

车削(缺省值设定均为 0),如表 2.1.10 和表 2.1.11 所示。

表 2.1.10 车削

机床数据 14510	PLC 接口信号	单 位	范 围	功 能
14510[12]SBR 42	DB4500. DBW24	*	—	=0,平床身;=1,斜床身
MD14510[13]	DB4500. DBW26	0.1 s	5~200	主轴制动时间
MD14510[20]SBR 51-52	DB4500. DBW40		4,6	霍尔刀架最大刀位号,如刀位数超过 6,需要编写 PLC 程序
MD14510[21]SBR 51-52	DB4500. DBW42	0.1 s	5~30	霍尔刀架锁紧时间参数

续表 2.1.10

机床数据 14510	PLC 接口信号	单 位	范 围	功 能
MD14510［22］SBR 51 - 52SBR 53	DB4500. DBW44	0.1 s	30～200	霍尔刀架换刀监控时间
MD14510[24]SBR 45	DB4500. DBW48	1 min		润滑时间间隔
MD14510[25]SBR 45	DB4500. DBW50	0.01 s	12～2 000	一次润滑持续时间

表 2.1.11　车削(续)

机床数据 14512 （机床数据-整数）	功 能							
	位 7	位 6	位 5	位 4	位 3	位 2	位 1	位 0
14512［16］ DB4500. DBB1016	MCP 轴选 SBR 39	Z 轴旋转 监控		X 轴旋转监控		安全门生效 SBR22		
14512［17］ DB4500. DBB1017					手持单元 做轴选择	液压尾架 功能有效	液压卡盘 功能有效	霍尔刀架 功能有效 SBR 51 - SBR52
14512［18］ DB4500. DBB1018	每个进给轴 只有一个硬 限位触发 SBR40	硬限位开 关 无 效 SBR 40	主轴单 向运行	主轴停止信 号为外部 I/ O SBR 33		首次上电 自动润滑		
14512[19] DB4500. DBB1019	手动车床功 能有效 SBR 58 - 59					上电取消 系统密码	主轴制动生 效 SBR 42	

调整 PLC 机床数据以满足 OEM 机床的需要。

[激 活]，激活修改；

[设为缺省]，将当前选定机床数据恢复到默认设定；

[撤 消]，撤销最近一次机床数据修改；

[下一步]，继续操作请按软件"下一步"。

第 3 步：传输调试 PLC 程序。

需按下软键"直接连接"来连接 PPU，然后按照以下内容操作，如图 2.1.35 所示。

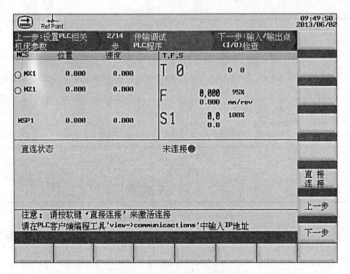

图 2.1.35　"直接连接"界面

将"样例 PLC 程序段"应先上传到电脑上,再对其进行修改,以满足用户的功能要求。操作成功后停止 PLC 的运行,并将修改好的 PLC 下载到 PPU 中,然后重启 PLC。

第 4 步:输入/输出点(I/O)检查。

所有的输入/输出接口状态都必须通过电气原理图进行检测,通过操作输入软键即可实现这一操作。状态栏会显示在右手边,如上图所示。通过操作软键可以选择数字输入或输出接口,也可选择所需字节,如图 2.1.36 所示。

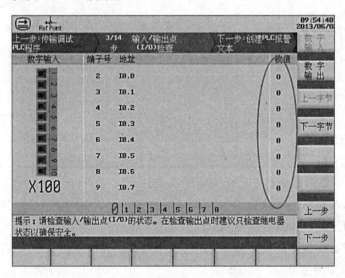

图 2.1.36　输入地址诊断界面

第 5 步:编辑 PLC 报警文本。

可以直接在 HMI 上编辑 PLC 用户报警文本,也可以离线编辑,通过 USB 就可以进行文件传输。

通过操作软键可以从 HMI 中输入或输出文本文件,也可以直接在 HMI 中编辑文本文件,如图 2.1.37 所示。

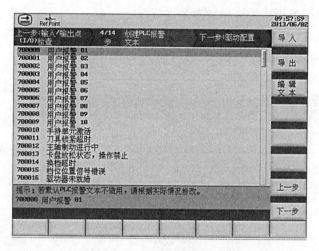

图 2.1.37　用户报警输入界面

第 6 步:驱动配置。

可以为需要的进给轴编辑相关的轴数据。

垂直软按键可激活对每个驱动器的配置。

按"开始配置"软键,开始配置 V70 驱动器。控制器会通过总线自动识别所有电机,如图 2.1.38 所示。

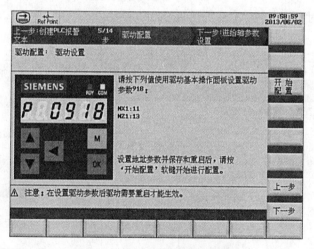

图 2.1.38　配置 V70 驱动器界面

从列表中选择相匹配的电机铭牌。按"选择"启动配置,将电机数据写入驱动中。

控制器将写入电机信息,如图 2.1.39 所示。

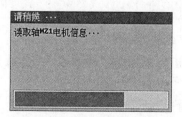

图 2.1.39　电机信息读取中

所有的绝对值编码器电机会被自动识别。

所有的增量式编码器电机需要单独逐个进行配置。

按"电机配置"软键,将光标移动至一个未识别的电机,开始配置每一个未被识别的电机,如图 2.1.40 所示。所有的进给轴电机都会被识别。

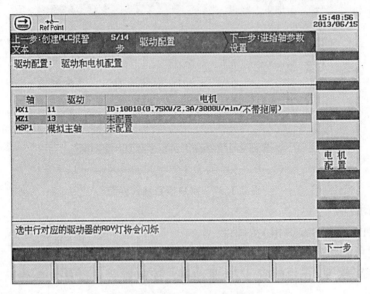

图 2.1.40 电机配置界面

第 7 步:配置主轴驱动。

可以为主轴编辑相关所需的主轴机床数据,如图 2.1.41 所示。

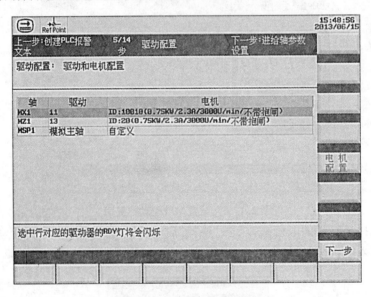

图 2.1.41 主电机配置界面

此时,所有的进给轴和主轴电机都可以被识别了。垂直软按键对所配置的数据进行编辑,激活或恢复默认值等操作。

每个驱动中都会创建一个备份文件保存在其驱动数据中。

第 8 步:进给轴参数设置。

可以为所需轴编辑轴参数及机床数据,如图 2.1.42 和表 2.1.12 所示。

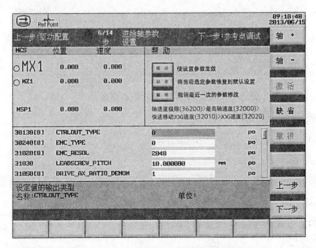

图 2.1.42 轴参数设置界面

第 9 步：主轴参数设置。

下列数据必须设置为指定值，如表 2.1.13 所示。

表 2.1.13 主轴参数设置

主轴参数	设定数据
30 130	1
30 240	2
30 134	0：输出值为双极性　1 或 2：输出值为单极性
30 200	0：无主轴编码器　1：有主轴编码器

表 2.1.12 轴配置

机床数据	设定数据：绝对式/增量式
30 130	1/1
30 240	4/1
34 200	0/1
34 210	1/0

可以编辑所需的主轴机床数据，如图 2.1.43 所示。

图 2.1.43 主轴机床参数设置界面

第 10 步：生成批量调试文件。

创建"批量调试存档"，请按软键"建立存档"。

说明：创建产品备份时，使用光标键选中 USB 后，按"输入"键将存档保存在 USB 中。

第 11 步:软限位设置。

第 12 步:反向间隙补偿。

第 13 步:丝杠螺距误差补偿。

第 14 步:驱动优化。

按"选项"键可选择需要进行的优化策略。

优化策略有三种可选择:

(1) 保守测量;

(2) 稳健测量;

(3) 激进测量。

选择方案后,继续操作请按软键"确认"。

方案选定之后,返回优化启动选择界面,做启动优化准备:现在将进给轴移动到一个安全位置,以避免在轴优化过程中进行的移动导致碰撞。

此时,可以为需要设置的进给轴设定相关的机床轴数据。

按"开始优化"软件,即可开始优化,如图 2.1.44 所示。

注:不要在"回参考点"模式 或"单段程序控制"模式下启动驱动优化,否则优化不能执行。

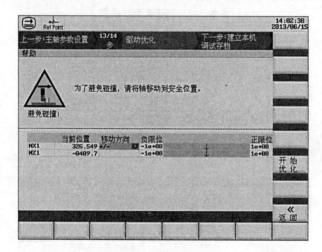

图 2.1.44　轴优化界面

"预先高频转速被控对象测量"将进行两次;

在此过程中会出现对话框提示下一步操作;

按"循环启动"键继续;

"预先高频转速被控对象测量"结束后,将进行"高频转速被控对象测量",该过程也将进行两次;

在此过程中会出现对话框提示下一步操作;

按"循环启动"键继续;

"高频转速被控对象测量"结束后,将进行"预先低频转速被控对象测量",该过程也将进行两次;

在此过程中会出现对话框提示下一步操作;

按"循环启动"键继续;

"预先低频转速被控对象测量"结束后,将进行"低频转速被控对象测量",该过程也将进行两次;

在此过程中会出现对话框提示下一步操作;

按"循环启动"键继续；

MX 轴高低频测量结束后，系统将自动进行优化调试，此处不需要进行任何操作。

全部优化调试结束之后，系统将自动给出优化前后各轴数据的列表参数，按软键"激活"将数据激活。

按"下一步"键继续；

系统会自动将优化之后的数据写入系统和驱动中。

第 15 步：数据备份

保存成功后将自动跳转至下一步"建立本机调试存档"，按"数据存储"软键，备份机床调试数据，之后即完成调试任务。

2.1.5 数据备份

当机床系统调试完成后，需要备份以下数据：PLC 逻辑控制程序、机床数据、用户报警文本、试车数据等。试车数据包括：各个轴的坐标的软限位、丝杠螺距误差补偿、反向间隙补偿、驱动器数据等。

机床数据则是在数控机床出厂时就已经设定好了。数据的备份过程，是保护系统数据的过程，如何保护好机床的备份数据成为了一个很重要的问题。

在机床的实际应用中，经常出现下面的问题：

（1）对机床数据和对数据作用的认识不足，随便修改机床数据，使得原始的备份数据发生了变化，导致数控机床不能发挥它原有性能；

（2）对数据备份盘（或 CF 备份卡）保存不当，导致数据媒介丢失或失效，机床一旦有了问题，就无法正常使用数据备份；

（3）验收期间不能提供一套完整的数控系统数据的备份文件，当机床数据丢失时，不能发挥它应有的作用；

（4）制造企业不能提供完整的图纸和说明书等技术资料，数控系统的口令随机设置，导致无法进入数控系统的数据设定状态。

所以，了解机床数据的作用，备份数据就显得尤为重要。数据备份是保证数控机床能正常工作的前提条件。

生成本机备份数据步骤：

创建"本机备份数据"中，按软键"建立存档"，如图 2.1.45 所示。

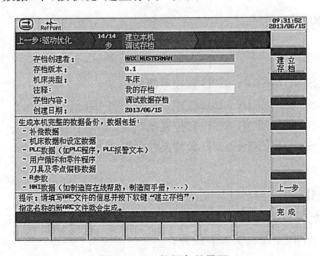

图 2.1.45 数据备份界面

使用指针上移或下移键选择"调试存档文件"的存储位置。在该界面可以进行相关参数的备份,选择将其存储在 USB 存储设备中。在所有工作做完之后,点击"完成"键就完成了快速调试向导。向导完成后,继续操作按"完成"。最后,按"数据存储"即完成调试任务,如图 2.1.46所示。

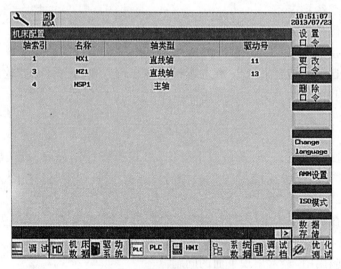

图 2.1.46　数据存储界面

2.2　综合实训项目 2——加工中心

西门子 SINUMERIK 828D 是一款紧凑型数控系统,支持车、铣工艺应用,可选水平、垂直面板布局和两级性能,满足不同安装形式和不同性能要求的需要。完全独立的车削和铣削应用系统软件,可以尽可能多地预先设定机床功能,从而最大限度减少机床调试所需时间,比想象的还容易。

SINUMERIK 828D 集 CNC、PLC、操作界面以及轴控制功能于一体,通过 Drive - CLiQ 总线与全数字驱动 SINAMICS S120 实现高速可靠通信,PLC I/O 模块通过 PROFINET 连接,可自动识别,无需额外配置。大量高档的数控功能和丰富、灵活的工件编程方法使它可以自如地应用于世界各地的各种加工场合。

2.2.1　实训目的和要求

1) 实训目的

(1) 学习西门子 SINUMERIK 828D 数控系统的组成;

(2) 学习西门子 SINUMERIK 828D 数控系统硬件连接;

(3) 学习西门子 SINUMERIK 828D 数控系统的 PLC 指令及编程;

(4) 学习西门子 SINUMERIK 828D 数控系统的配置与调试。

2) 实训要求

(1) 学习 SINUMERIK 828D 数控系统的基本知识及特点;

(2) 能够根据系统硬件和接口知识的学习,设计加工中心电气原理图;

(3) 按照电气原理图,完成系统安装任务;

（4）学习上电调试，具体包括参数设定、PLC 初始化、机床基本功能和动作的调试以及数据的备份与恢复；

（5）能够在掌握基本装调技能的前提下，灵活修改和调试 PLC 程序；

（6）能够对调试过程中出现的基本故障进行诊断和排除。

2.2.2　西门子 SINUMERIK 828D 数控系统硬件介绍

1）NC 数控系统

828D PPU 按性能分为三种：PPU240/241（基本型）、PPU260/261（标准型）、PPU280/281（高性能型），如表 2.2.1 所示。

表 2.2.1　828D PPU 的分类

基本特点	PPU240/241	PPU260/261	PPU280/281	
最大支持轴数	5	6	铣床：6	车床：8
最大支持 I/O	3 个 PP72/48D PN	4 个 PP72/48D PN	5 个 PP72/48D PN	

SINUMERIK 828D 数控系统具有以下特点：

（1）性能可靠、无需维护

SINUMERIK 828D 数控系统配有压铸镁材质的操作面板，接口少，防护等级高，适用于比较苛刻的环境。SINUMERIK 828D 均不带风扇和硬盘，其中 NV – RAM 存储器也不带电池，也就是说它是完全免维护的数控系统。

（2）操作简便

SINUMERIK 828D 数控系统都配置了 QWERTY CNC 全键盘（包括快捷键）和 8.4″/10.4″高分辨率 TFT 彩色显示屏，操作非常简便。而且操作面板的正面还提供 USB、CF 卡和 RJ45 接口，便于将数控数据快速、方便地传送到机床上。

（3）标准的车铣功能

SINUMERIK 828D 数控系统配有基于技术工艺的系统软件，是标准车床和铣床的最佳选择。

（4）数控性能的可扩展。

SINUMERIK 828D 数控系统，如图 2.2.1 所示。

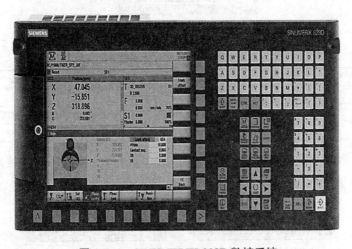

图 2.2.1　SINUMERIK 828D 数控系统

SINUMERIK 828D 数控系统背面接口,如图 2.2.2 所示。

图 2.2.2　SINUMERIK 828D 数控系统背部接口

2) 输入输出模块

西门子 SINUMERIK 828D 数控系统采用的是 PP72/48D PN 输入输出模块,这种类型的模块是基于 PROFINET 网络通信的一种电气元件,可以提供 72 个数字的输入和 48 个数字的输出。每个模块都具有三个独立的 50 芯插槽,每个插槽中包括了 24 位数字量输入和 16 位数字量的输出(输出的驱动能力为 0.25 A,同时系数为 1),如图 2.2.3 和表 2.2.2 所示。

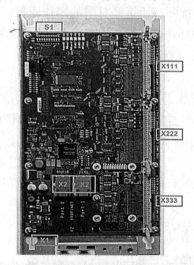

图 2.2.3　PP72/48D PN 模块结构图

表 2.2.2　PP72/48D PN 模块接口及说明

X1	24VDC	3 芯端子式插头
X2	PROFINET 接口	Port1 和 Port2
X111、X222、X333	50 芯扁平电缆	用于数字量的输入和输出
S1	PROFINET 地址开关	

西门子 828D 数控系统上有两个 PP72/48D PN 输入/输出模块,其总线地址分别为 192.168.214.9(模块 1)和 192.168.214.8(模块 2),如图 2.2.4 所示。

PP72/48D PN模块1(地址:9)

PP72/48D PN模块1(地址:8)

图 2.2.4　PP72/48D PN 输入/输出模块

PP72/48D PN 模块可以直接拨动上面的拨码开关,如表 2.2.3 所示。

表 2.2.3 PP72/48D PN 模块的使用

设备名称	S1/S2 设置	IP 地址
第一块 PP72/48D PN	1 和 4 拨 ON	192.168.214.9
第二块 PP72/48D PN	4 拨 ON	192.168.214.8

3) 机床操作面板(见图 2.2.5)

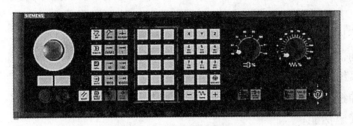

图 2.2.5 机床操作面板

4) 伺服系统及电机

SINUMERIK 828D 数控系统与 SINAMICS S120 Combi 驱动结合,为机床提供强大的动力。

SINAMICS S120 是西门子公司推出的全新的集 V/F、矢量控制及伺服控制于一体的驱动控制系统,它不仅能控制普通的三相异步电动机,还能控制同步电机、扭矩电机及直线电机。SINAMICS S120 具有模块化设计,可以提供高性能的单轴和双轴驱动,功率范围涵盖 0.12 kW～4 500 kW,具有广泛的工业应用价值。由于其具有很高的灵活性能,SINAMICS S120 可以完美地满足应用中日益增长的对驱动系统轴数量和性能的要求。其强大的定位功能将实现进给轴的绝对、相对定位。内部集成的 DCC(驱动控制图表)功能,用 PLC 的 CFC 编程语言来实现逻辑、运算及简单的工艺等功能。伺服系统及电机如图 2.2.6 所示。

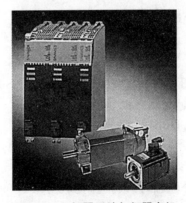

图 2.2.6 伺服系统与伺服电机

SINAMICS S120 产品包括:用于供直流母线的 DC/AC 逆变器和用于单轴的 AC/AC 变频器。

供直流母线的 DC/AC 逆变器通常又称为 SINAMICS S120 多轴驱动器,其结构形式为电源模块和电机模块分开,一个电源模块将 3 相交流电整流成 540 V 或 600 V 的直流电,将电机模块(一个或多个)都连接到该直流母线上。特别适用于多轴控制,尤其是造纸、包装、纺织、印刷、钢铁等行业。优点是各电机轴之间的能量共享,连线方便、简单。单轴控制的 AC/AC 变频器,通常又称为 SINAMICS S120 单轴交流驱动器,其结构形式为电源模块和电机模块集在一起,特别适用于单轴的速度和定位控制。

　　SINAMICS S120 模块化运动控制驱动器适用于机械与系统工程中的高性能驱动应用。西门子的高性能驱动系统能提供广泛而相互协调的组件与功能,可作为一个全面的运动控制驱动系统使用。这些运动控制驱动器包括高性能单轴驱动器和多轴共直流母线驱动器,具有矢量控制或伺服控制,可实现量身订制的高性能驱动解决方案。SINAMICS S120 运动控制驱动器是一种高性能驱动器,使用灵活,可提高生产效率。除具有创新的系统结构和数字通信功能外,这些运动控制驱动器还提供了创新的工具,并且接线简便,从而可进行高效组态与快速调试。SINAMICS S120 功率范围为 0.12～4 500 kW,具有各种结构形式和冷却方式。

　　SINAMICS S120 驱动器的特点:

　　(1) 伺服驱动器是模块化系统和机器设计的理想基础;

　　(2) 创新的系统体系结构和数字通信功能;

　　(3) 具有多种控制模式和与驱动器特定相关的工艺功能;

　　(4) 内置有安全功能;

　　(5) 通过 SIZER 和 STARTER 进行高效组态和快速调试;

　　(6) 自动组态和自动优化;

　　(7) 通过全集成自动化(TIA)实现集成解决方案;

　　(8) 实现 SINAMICS 直至自动化级的集成。

2.2.3　西门子 SINUMERIK 828D 数控系统调试

　　1) 调试前准备

　　在开始调试 SINUMERIK 828D 系统之前,检查到货的 SINUMERIK 828D 硬件,准备调试工具(如个人计算机、电缆等)等工作是非常重要的。

　　2) 上电前检查

　　(1) 查线:包括反馈、动力、24 V 电源,地线;

　　(2) 查拨码开关,MCP(7,9,10)和 PP72/48(1,4,9,10)。

　　3) 上电调试

　　(1) 检查版本;

　　(2) 初始设定:语言,口令,日期时间,选项,MD12986,RCS 连接;

　　(3) 检查 PLC I/O 是否正确,包括急停、硬限位……;

　　(4) 检查手轮接线(DB2700.DBB12);

　　(5) 下载 PLC;

　　(6) 检查急停功能是否正常;

　　(7) 驱动调试:拓扑识别,分配轴,修改拓扑比较等级(P9906),配置供电数据,电网识别(P3410);

　　(8) 调整硬限位;

　　(9) NC 数据设定:机械参数,轴速度,方向,设置零点,软限位……;

　　(10) 刀库调试;

　　(11) 辅助功能调试;

　　(12) 基本功能备份(BASIC_FUNCTION.ard),驱动要选 ASCII 格式;

(13) 拷机运行 48 h。

4) PLC 调试

(1) PLC 程序结构

在 SINUMERIK 828D 中,PLC 采用往复扫描的运行方式。当系统识别程序并开始执行时,程序中所有涉及的状态量直接传送到输入映像寄存器,紧接着系统开始进行用户程序的执行。PLC 中的子程序的顺序调用和执行是通过主程序 OB1 来完成的,当 PLC 完成一个扫描周期后,将所有执行得到的结果传送到输出映像寄存器,最终来控制 PLC 的输出。按照此循环往复执行。

(2) PLC 程序调试

在电脑上安装好 828D Toolbox 中的 Programming ToolPLC828D 编程软件,随后将写好的 PLC 程序下载到 828D 数控系统中,在下载过程中,会出现如图 2.2.7 所示对话框。西门子默认的是只下载 PLC 程序及数据块的初始值,而不是实际值。若需要下载数据块的实际值时,只需在"数据模块"前的小框中打勾就行了。

图 2.2.7　PLC 程序下载对话框

在进行 PLC 程序的调试过程中,若因为某些原因,需要对程序进行修改的时候,只要不是大改的情况下,修改完成后只要再次单击软件菜单栏中的 RUN 按键,即可将修改后的程序直接下载到系统中。若是对程序进行了较大的修改亦或新建了新的数据块的情况下,就需在 STOP 模式下下载程序。

对于程序的调试,由于时间问题,先是针对机床的一些主要功能、运动的程序进行调试,如急停和复位、主轴控制、进给轴控制、操作面板及倍率、回参考点和手轮等进行调试。其中有几点需注意:在对主轴或进给轴进行调试时,需要注意控制轴的伺服驱动器是否正常完成使能,因为这是轴运动的重要条件;对手轮功能进行调试时,需要注意对于信号的处理有两种情况,一种是当前坐标系是机床坐标系;另一种是当前坐标系是工件坐标系。若在机床坐标系时,NC 内部激活的 V 地址应该是轴信号,而如果是工件坐标系,则此时激活的内部 V 地址是通道的信号。若 NC 同时收到来自 PLC 的轴和通道的信号,则此时手轮是无效的。只有一种情况是可以同时接收轴和通道的信号,那就是激活增量的信号;在对各轴进行回零点测试时,一种方法是通过操作面板来回零,具体方法是通过按键选择好轴后,再通过"+"按键来进行回零。另一种是通过激活送至 NC 通道的回零信号,来对各轴进行回零操作。其中需要注意的是,再回零时应检查机床的各轴位置,从而避免出现不必要的碰撞。

在完成对以上机床主要功能的调试后,如果时间足够充足,再继续对机床的其他功能进行调试并完成。

(3) 报警文本的处理

当拿到一个新的系统且在此之前未经过任何调试测试,启动之后或者在调试过程中经常会见到以 700000 开头的报警信息。这类的报警信息属于 PLC 用户报警。在 SINUMERIK 828D 中,属于这类的报警有 248 个,分别是从 700000 到 700247。这种用户报警为使用人员和维护人员提供了诊断的依据,并且为解决故障提供了参考。这类的报警信息在系统启动后,点开机床参数。在以 MD14516[0] 开头、以 MD14516[247] 结尾的参数范围内可以根据实际情况修改报警的属性。具体操作可根据 SINUMERIK 828D 调试手册完成。

报警信息在数控系统显示屏上不能同时显示。一旦出现多条报警提示时,首先在显示屏上报警显示区显示的,是最新的一条报警信息。至于后面的报警信息是用一个向下的箭头来表示的,具体的信息要通过报警清单才能查看。

如果用户在使用过程中遇到 PLC 报警又不知怎么处理时,西门子提供了在线帮助服务。用户只要针对所遇到的报警信息,直接创建在线帮助即可。西门子提供的这种在线帮助,里面有针对该报警信息的非常仔细的描述。所描述的内容包括报警可能引起的一些影响以及针对此报警的具体的解决方法。而且西门子公司针对这种报警的帮助固定了特定的文件名,具体可通过查询调试手册获得。

5) 伺服优化

(1) 轴策略选适中,101,303,201;

(2) 自动优化,导出每个轴的优化结果(.xml)和优化报告(.rtf);

(3) 各轴参数整定,策略 1101,选择所有轴,包括主轴;

(4) 圆度测试。

6) 激光干涉仪测试

(1) 螺补;

(2) 反向间隙;

(3) 球杆仪测试。

7) 试切

(1) 标准圆,标准方;

(2) 机床厂自制样件。

8) 数据备份

(1) 机床测试协议;

(2) 电柜检查表;

(3) ard 全部备份;

(4) NC 生效数据全部备份:测量系统误差补偿,机床数据,设定数据,刀具/刀库数据……;

(5) 制造商循环备份,包括换刀子程序 L6 或者 TCHANGE,TCA,CYCPE_MA,MAG_Conf 等;

(6) PLC 程序备份 .ptp;

(7) PLC 报警文本 .ts 和 .qm,报警帮助文本;

(8) Easy Extend;

(9) 用户自定义界面;

(10) E-log,txt 和 xml;

（11）系统许可证备份 .Alm；

（12）优化测试结果截图,如图 2.2.8 所示；

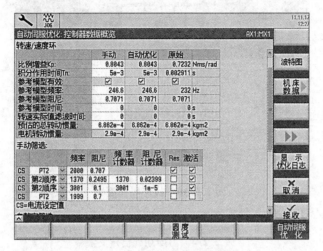

图 2.2.8　伺服优化测试结果

（13）圆度测试结果截图,如图 2.2.9 所示；

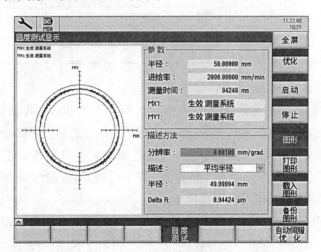

图 2.2.9　圆度测试结果

（14）PLC I/O 地址；

（15）机床操作说明:MCP 自定义键说明,M 代码功能说明,PLC 报警文本内容说明,PLC 数据 MD14510 说明,刀库操作说明；

（16）照片:机床、电柜、试切；

（17）试切件程序。

2.2.4　加工中心应用实例——VMC850 型机床 PLC 例程说明

VMC850 PLC 例程是以 VMC850 加工中心为例,基本配置:机械手刀库,X、Y、Z 和主轴（其他复杂情况本例中不考虑,如第四轴等）。

1）机床操作面板说明

机床操作面板说明（见图 2.2.10）。

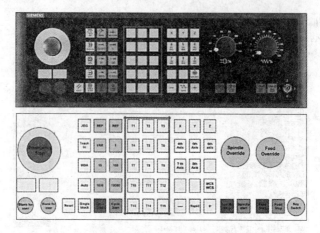

图 2.2.10　机床操作面板

刀库功能自定义键,如表 2.2.4 所示。

表 2.2.4　刀库功能自定义键

T1	冷却液	T2		T3	
T4		T5		T6	
T7	刀套动作	T8	刀臂动作	T9	刀库回零
T10	刀库调试使能	T11	刀盘正转	T12	刀盘反转
T13		T14		T15	

刀库功能自定义键详细解释如下:

T7——刀套动作:刀库进入调试模式后(14512[0]设 1,即进入刀库调试模式),在手动模式按下刀库调试使能键,待使能指示灯亮后,通过按此键可以让刀套上下移动;

T8——刀臂动作:刀库进入调试模式后,在手动模式按下刀库调试使能键,待使能指示灯亮后,按此键可以让机械手旋转。此键为点动键,按下时转,不按时停。如果一直按住不放,机械手在转到扣刀位、换刀位或退刀位时会停止;

T9——刀库回零:刀库进入调试模式后,在手动模式按下刀库回零键,刀库自动寻找零位开关并设为 1 号刀位。(如果不带零点信号,调用 MAG_REF 子程序,按此键可直接设置 1 号位);

T10——刀库调试使能:在手动模式按下此键后,通过刀盘正转/反转键可以让刀盘进行正转/反转。当刀库进入调试模式,按下此键后,可以允许刀库回零,手动刀套上下移动,手动机械手旋转;

T11——刀盘正转:在手动模式下,先按下刀库调试使能键,然后可以通过此键让刀盘正转;

T12——刀盘反转:在手动模式下,先按下刀库调试使能键,然后可以通过此键让刀盘反转。

2) 刀库配置文件说明

在系统的制造商目录下应该有以下四个文件,分别是:

L6. spf　　　刀库换刀子程序;

CYCPE_MA. spf　　　判断机械手上有刀具的制造商循环程序;

MAG_CONF. spf　　　刀库设置文件;

TCA. spf　　　测量刀具中会用到。

注:用户可根据要求,自己建立 TO_INI. spf 刀库重新配置文件(属于自己刀库的),目的

是可以将刀具号与刀位号统一起来,即1号刀位装1号刀,2号刀位装2号刀……此程序需要用户在建好刀表后(建立的刀具和刀位一一对应)在如下目录中(下图中选中文件)自己拷贝出来,系统会根据当时的刀具信息自动生成当时的刀具文件,将此文件拷贝到零件程序中运行即可,为保证程序正常运行,运行时主轴或卡爪上不能有刀。

　　刀库配置文件界面,如图2.2.11所示。

图2.2.11　刀库配置文件界面

3)刀库故障处理说明

　　如果由于刀库故障,换刀过程没有完成,停在中间某一步时,你会发现实际上刀库最多是要交换的两把刀出错了,这时首先进入刀库调试模式(14512[0]设1,即进入刀库调试模式),按下操作面板上的刀库调试使能键,通过面板上的刀套上下移动键和机械手旋转键将刀库恢复初始位置(如果卡爪上有刀要先手动取下,HMI中同样执行卸载操作,等刀库调整好后再装载回去即可),到HMI的刀具清单中,确认实际刀库中的刀具和系统HMI刀具清单中的状态是否一致,如果不一致,可通过HMI对刀具卸载、装载使错误的两把刀与实际刀库中的状态一致起来,最后取消刀库调试模式(14512[0]设0,重启生效)。

　　一定要检查刀具清单中主轴和刀库中各个刀位的信息与实际刀库的状态一致,确保机械手的两个卡爪无刀具。否则在换刀时可能发生故障。

4)刀库PLC报警和提示信息说明

　　(1)报警,显示红色,如表2.2.5所示。

表2.2.5　刀库PLC报警(红色)信息表

报警编号	报警文本
700018	刀盘未停在准确位置,请重新回刀库零点。
700019	主轴松刀故障,原因:1. 机械故障;2. 气压低;3. 检查相应输入点。
700020	主轴夹刀故障,原因:1. 机械故障;2. 气压低;3. 检测相应插入点。
700021	刀套下故障,原因:1. 机械故障;2. 气压低;3. 检查相应输入点。
700022	刀套上故障,原因:1. 机械故障;2. 气压低;3. 检查相应输入点。
700023	机械手不在原位,轴禁止移动;请进入刀库调试模式,将机械手转回原位。
700024	刀盘电机过载。

（2）提示信息，显示黑色，如表2.2.6所示。

表2.2.6　刀库 PLC 报警（黑色）信息表

编　号	文　本
700034	刀库已回零，当前位置已设置为1号刀位； 刀库未回零，禁止换刀。请在手动模式下，将刀盘转至1号刀位
700035	按刀库回零键
700036	刀库已进入调试模式
700039	刀盘不在正常刀位，刀套不能垂直
700040	刀臂不在原位，刀套不能垂直
700041	刀套不在上位，刀盘不能转
700042	主轴没有停稳，不能松刀
700043	刀库回零失败，请重新回零

对于其他功能子程序，编写程序时可在 MAIN(OB1)中直接调用。包括 HANDWHEEL、NC _ EMG _ STOP、AUX _ LUB、AUX _ COOLING 等子程序（将子程序及数据块拷入到自己的 PLC 程序中），还有相应的数据块 DB _ EMG _ STOP(DB9003)、DB _ LIMIT(DB9007)、DB _ Common(DB9053)。实例中相关按键见西门子 MCP483 机床操作面板。

5）电气原理图说明

（1）驱动电源模块，如图2.2.12所示。

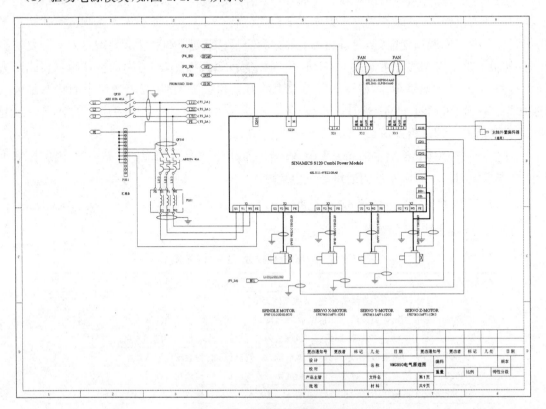

图2.2.12　驱动电源模块原理图

（2）强电电源模块，如图 2.2.13 所示。

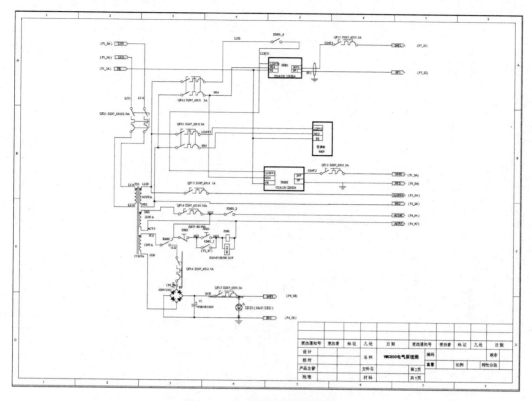

图 2.2.13　强电电源模块原理图

（3）强电模块，如图 2.2.14 所示。

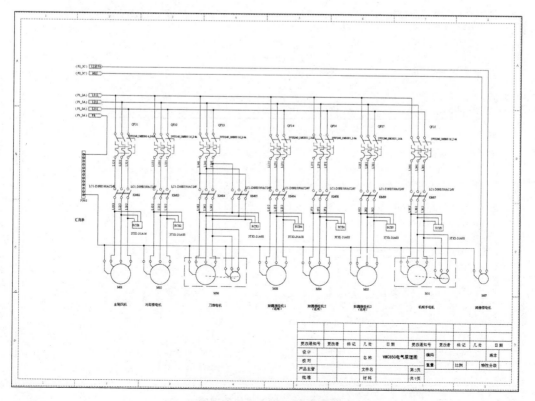

图 2.2.14　强电模块原理图

（4）强电控制模块，如图 2.2.15 所示。

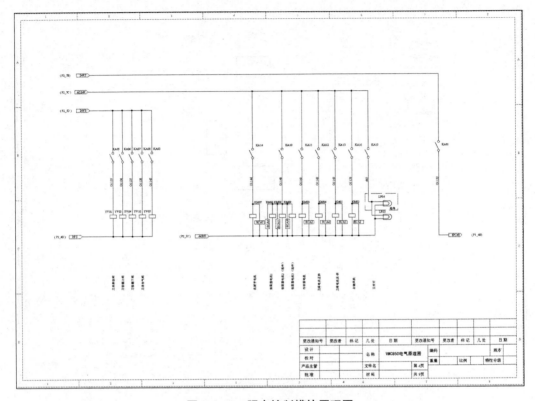

图 2.2.15　强电控制模块原理图

（5）输入模块，如图 2.2.16 所示。

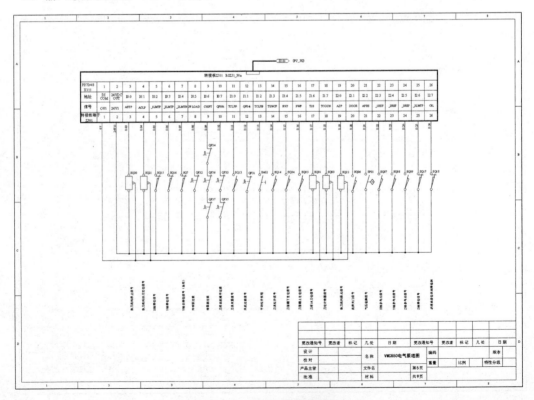

图 2.2.16　输入模块原理图

（6）输出模块，如图 2.2.17 所示。

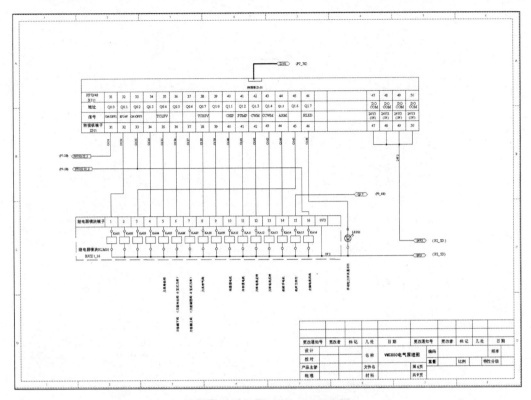

图 2.2.17 输出模块原理图

（7）控制系统模块，如图 2.2.18 所示。

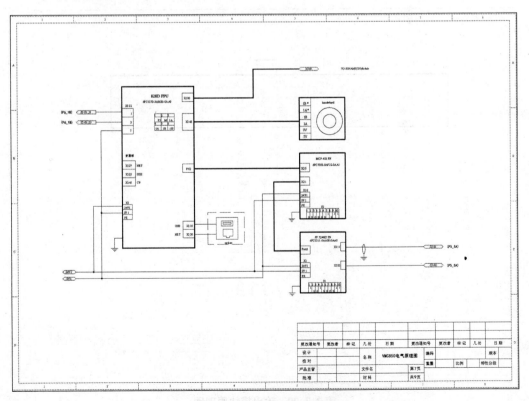

图 2.2.18 控制系统模块原理图

（8）控制面板模块，如图 2.2.19 所示。

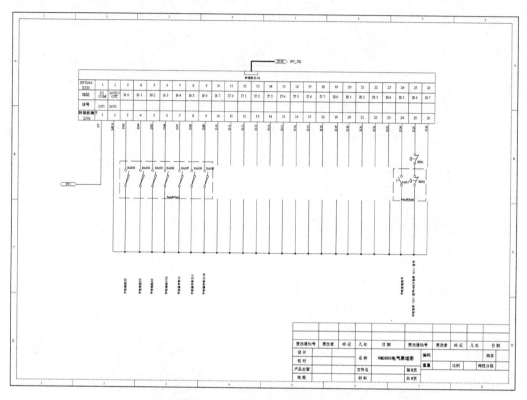

图 2.2.19　控制面板模块原理图

（9）输出模块，如图 2.2.20 所示。

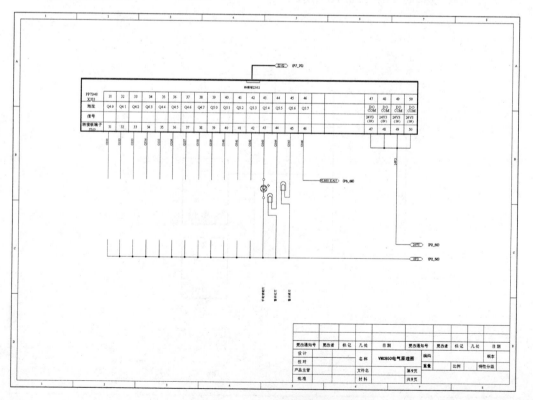

图 2.2.20　输出模块原理图

6) 各个子程序说明

(1) PLC _ INI(PLC 初始化)

①子程序目的

该子程序在第一个 PLC 周期(SM0.1)循环时被调用。可在该子程序中根据机床配置设置 PLC 启动时一些轴或通道的信号生效(如测量系统 1 有效等)。本例中只是设置了上电清除密码功能。

②子程序调用实例,如图 2.2.21 所示。

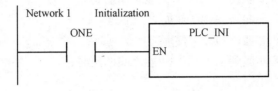

图 2.2.21 调用"PLC _ INI"子程序

(2) NC _ EMG _ STOP 急停子程序(包括急停、驱动的上下电时序、MCP 故障)。

①子程序目的

该子程序根据"SINAMICS S120"中定义的上电及下电时序来控制急停的过程,如图 2.2.22 所示。有关 SINAMICS S120 详细说明请参见 SINAMICS S120 手册。

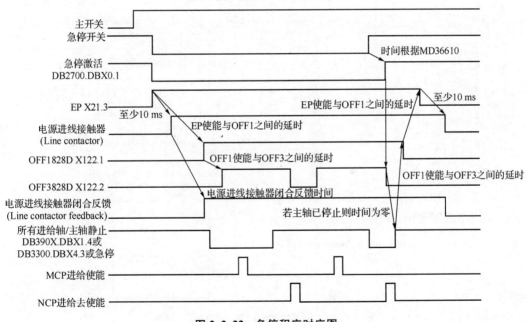

图 2.2.22 急停程序时序图

②输入

E _ Stop _ BTNBOOL /急停开关(NC)

DB _ EMG _ STOP.DELAYWORD /上下电时序延时时间(单位:10 ms)

③输出，如表 2.2.7 所示。

表 2.2.7　急停输出数据信息表

EP _ out	BOOL	控制电源模块端子 X21.3(NO)：EP 使能
OFF1 _ out	BOOL	控制 PPU 端子 X122.1(NO)：OFF1 使能
OFF3 _ out	BOOL	控制 PPU 端子 X122.2(NO)：OFF3 使能

④该子程序中用了 5 个定时器

T20　　从去 OFF3 使能到去 OFF1 使能之间的延时；

T21　　从去 OFF1 使能到去 EP 使能之间的延时；

T22　　从上 EP 使能到上 OFF1 使能之间的延时；

T23　　从上 OFF1 使能到上 OFF3 使能之间的延时；

T39　　检测 MCP 输入的延时。

⑤该子程序可以激活下列报警信息

报警 700038——驱动器未就绪；

报警 700031——机床操作面板故障，请重新上电。

⑥相关数据块 DB _ EMG _ STOP(DB9003)信息，见表 2.2.8。

表 2.2.8　程序数据块信息表

Address	Name	Data Type	Format	Initial Value	Comment
0.0	DELAY	WORD	Unsigned	200	IN: Power on / off sequence delay in ms
2.0	E_KEY	BOOL	Bit	OFF	IN: Emergency Stop Key (NC)
2.1	HWL_ON	BOOL	Bit	OFF	IN: Hardware limit switch on (NO)
2.2	SpSTOP_EXT	BOOL	Bit	OFF	IN: External Spindle stop signal (NO)
2.3	DriveEnable	BOOL	Bit	OFF	IN: Drive enable
2.4	DriveDisable	BOOL	Bit	OFF	IN: Drive disable
2.5	T_EP_LM	BOOL	Bit	OFF	OUT: X21.3 of Line Module (NO): Enable pulses
2.6	T_OFF1	BOOL	Bit	OFF	OUT: X122.1 of PPU (NO): OFF1 for axis
2.7	T_OFF3	BOOL	Bit	OFF	OUT: X122.2 of PPU (NO): OFF3 for axis
3.0	T_FeedEnable	BOOL	Bit	OFF	OUT: Feed Enable to MCP
3.1	T_FeedDisable	BOOL	Bit	OFF	OUT: Feed Disable to MCP
3.2	T_EP_LMm	BOOL	Bit	OFF	MEM: Status EP X21.3 of Line Module
3.3	T_OFF1m	BOOL	Bit	OFF	MEM: Status OFF1 of X122.1 PPU
3.4	T_OFF3m	BOOL	Bit	OFF	MEM: Status OFF3 of X122.2 PPU
3.5	D_T_OFF3m	BOOL	Bit	OFF	MEM: Delay for OFF3 of X122.2 PPU before verify ready signal
3.6	ALL_AXES_STOPm	BOOL	Bit	OFF	MEM: All axes come to standstill
3.7	MCP_DEFECT	BOOL	Bit	OFF	MEM: MCP defect

⑦子程序调用实例，如图 2.2.23 所示。

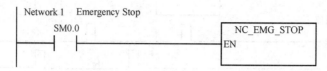

图 2.2.23　调用"NC _ EMG _ STOP"子程序

(3) NC _ LIMIT _ REF 限位及参考点子程序

①子程序目的

该子程序提供了硬限位的控制方式（PLC 控制）和需要回参考点的控制（使用 NC Start 键来一键回零）。

②输入

Hard _ Limit _ X　　/X 轴限位

Hard _ Limit _ Y　　/Y 轴限位

Hard _ Limit _ Z　　/Z 轴限位

X_Ref　　　/X轴参考点

Y_Ref　　　/Y轴参考点

Z_Ref　　　/Z轴参考点

③相关数据块 DB_LIMIT(DB9007)信息，如表 2.2.9 所示。

表 2.2.9　"LIMIT"程序数据信息表

Address	Name	Data Type	Format	Initial Value	
0.0	Limit_X_P	BOOL	Bit	OFF	X axis hardware limit switch plus
0.1	Limit_X_N	BOOL	Bit	OFF	X axis hardware limit switch minus
0.2	Limit_Y_P	BOOL	Bit	OFF	Y axis hardware limit switch plus
0.3	Limit_Y_N	BOOL	Bit	OFF	Y axis hardware limit switch minus
0.4	Limit_Z_P	BOOL	Bit	OFF	Z axis hardware limit switch plus
0.5	Limit_Z_N	BOOL	Bit	OFF	Z axis hardware limit switch minus

④子程序调用实例，如图 2.2.24 所示。

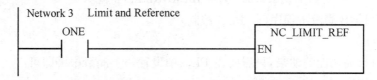

图 2.2.24　调用"NC_LIMIT_REF"子程序

(4) AXIS_CONTROL 主轴和进给轴控制子程序

①子程序目的

该子程序提供了对主轴和进给轴的 PLC 脉冲使能、控制器使能、第一测量系统生效、倍率生效的控制。

②子程序调用实例，如图 2.2.25 所示。

图 2.2.25　调用"AXIS_CONTROL"子程序

(5) HANDWHEEL 手轮子程序

①子程序目的

该子程序的目的是在机床坐标系或工件坐标系下，按下手轮生效键(本例中按键 HU_Enable)后，选择相应的轴和增量，控制任意坐标轴。此程序生效后，对于 HMI 上的手轮选择不生效。

②输入，如表 2.2.10 所示。

表 2.2.10

HU_Enable	BOOL	手轮使能键
HU_Select_X	BOOL	X轴轴选
HU_Select_Y	BOOL	Y轴轴选
HU_Select_Z	BOOL	Z轴轴选
HU_Select_A	BOOL	A轴轴选
HU_X1	BOOL	增量 X1
HU_X10	BOOL	增量 X10
HU_X100	BOOL	增量 X100

③输出

HU _ Enable _ LightBOOL　/手轮生效灯

M _ P _ LED _ MCS _ WCSBOOL　/工件坐标系与机床坐标系转换灯

④该子程序可以激活下列提示信息

报警提示 700033——手轮控制生效。

⑤子程序调用实例,如图 2.2.26。

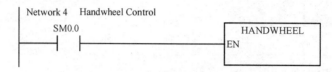

图 2.2.26　调用"HANDWHEEL"子程序

(6) AUX _ LUB 润滑子程序(非 PLC 控制)

①子程序目的

对于带定时打油功能的油泵,只需要在 PLC 中设置一个润滑报警即可。

②子程序调用实例,如图 2.2.27。

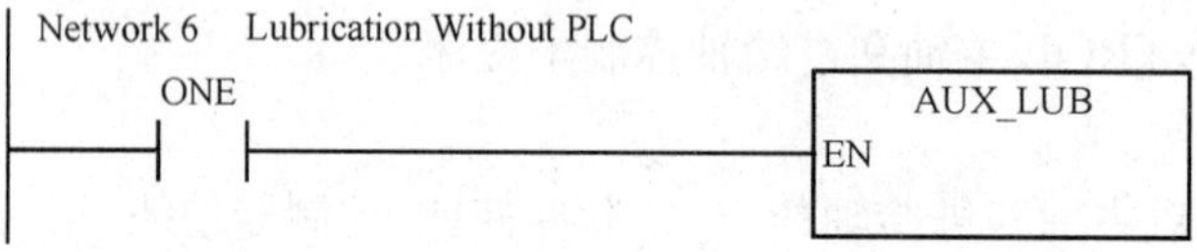

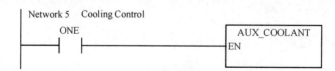

图 2.2.27　调用"AUX _ LUB"子程序

(7) AUX _ COOLING 冷却子程序

①子程序目的

该子程序在手动方式下通过 MCP 上的按键(本例中按键 T10)启动或停止冷却;在自动方式或 MDA 方式下由零件程序中的辅助功能 M08 启动冷却,M09、M02、M30 都可停止冷却。在急停、冷却电机过载、程序测试和仿真方式下,冷却启动被禁止。

②该子程序可以激活下列报警信息

报警 700030——冷却泵电机过载;

报警 700032——冷却液液位低。

③子程序调用实例,如图 2.2.28。

Network 5　Cooling Control

ONE

AUX_COOLANT
EN

图 2.2.28　调用"AUX _ COOLANT"子程序

7) 参数设置说明

(1) 激活外部 I/O、MCP

MD12986 PLC _ DEACT _ IMAGE _ LADDR _ IN[0]...[6]取消激活与 PLC 图像的外设连接。

描述:PLC 输入输出映像区的逻辑地址而非实际连接的输入输出。

12986[0]:第一块 PP72/48,默认值为 0;

12986[1]:第二块 PP72/48,默认值为 9;

12986[2]:第三块 PP72/48,默认值为 18;

12986[3]:第四块 PP72/48,默认值为 27;

12986[4]:第五块 PP72/48,默认值为 36;

12986[5]:PN/PN Coupler,默认值为 96;

12986[6]:MCP,默认值为 112。

例:VMC850,配标准西门子面板和一块 PP72/48,需设置 12986[0]=-1,12986[6]=-1
参数生效方式:Power On。

(2) 分配轴

①通用参数

MD10000 AXCONF_MACHAX_NAME_TAB[0]...[4]机床轴名称。

描述:如果为标准的车床和铣床配置,此参数默认值即可不用修改。

例:铣床:10000[0]=MX1

    10000[1]=MY1

    10000[2]=MZ1

    10000[3]=MSP1

  车床:10000[0]=MX1

    10000[1]=MZ1

    10000[2]=MSP1

参数生效方式:Power On。

②通道参数

MD20050 AXCONF_GEOAX_ASSIGN_TAB[0]...[2]分配几何轴到通道轴。

描述:如果为标准的车床和铣床配置,此参数默认值即可不用修改。

例:铣床:20050[0]=1

    20050[1]=2

    20050[2]=3

  车床:20050[0]=1

    20050[1]=0

    20050[2]=2

参数生效方式:Power On。

MD20060 AXCONF_GEOAX_NAME_TAB [0]...[2]通道中的几何轴名称。

描述:如果为标准的车床和铣床配置,此参数默认值即可不用修改。

例:铣床:20060[0]=X

    20060[1]=Y

    20060[2]=Z

  车床:20060[0]=X

    20060[1]=

    20060[2]=Z

在车床中,20060[1]为空,可不填。

参数生效方式:Power On。

MD20070 AXCONF_MACHAX_USED [0]...[4]通道中有效的机床轴号。

描述:如果为标准的车床和铣床配置,此参数默认值即可不用修改。

例：铣床：20070[0]=1

20070[1]=2

20070[2]=3

20070[3]=4

20070[4]=0

车床：20070[0]=1

20070[1]=2

20070[2]=3

20070[3]=0

20070[4]=0

参数生效方式：Power On。

MD20080 AXCONF _ CHANAX _ NAME _ TAB[0]...[4]通道中的通道轴名称。

描述：如果为标准的车床和铣床配置，此参数默认值即可不用修改。

例：铣床：20080[0]=X1

20080[1]=Y1

20080[2]=Z1

20080[3]=SP1

20080[4]=

车床：20080[0]=X1

20080[1]=Z1

20080[2]=SP1

20080[3]=

20080[4]=

参数生效方式：Power On。

③轴参数

MD30130 CTRLOUT _ TYPE[0]设定值输出的类型。

描述：30130[0]=0：模拟；

30130[0]=1：设定输出有效。

参数生效方式：Power On。

MD30240 ENC _ TYPE[0]...[1]实际值采集的编码器类型。

描述：ENC _ TYPE[0]：对应第一测量系统；

ENC _ TYPE[1]：对应第二测量系统。

0：模拟；

1：增量编码器；

4：绝对值编码器。

参数生效方式：Power On。

（3）NC 调试

①传动系统参数

MD32100 AX _ MOTION _ DIR 轴运动方向（不是反馈极性）。

描述：轴的运动方向可由此参数改变，默认值为 1。如果控制方向与实际运动方向相反，则将此参数改为 -1，反之亦然。

参数生效方式：Power On。

MD32110 ENC _ FEEDBACK _ POL[0]...[1]实际值符号（反馈极性）

描述:32110[0]:对应第一测量系统;

　　　　32110[1]:对应第二测量系统。默认值为 1,如果反馈极性相反,则将对应测量系统
　　　　　　　的参数改为-1,反之亦然。

参数生效方式:Power On。

MD30130 LEADSCREW ＿ PITCH 丝杠螺距。

参数生效方式:Power On。

MD31050 DRIVE ＿ AX ＿ RATIO ＿ DENOM[0]...[5]负载变速箱分母。

MD31060 DRIVE ＿ AX ＿ RATIO ＿ NUMERA[0]...[5]负载变速箱分子。

描述:对于主轴,索引号为[0]的减速比分子和分母均无效。索引号[1]表示主轴第一挡的
减速比,[2]表示主轴第二挡的减速比,以此类推。对于进给轴,减速比应设定在索引号[0]。对
于车床减速比分子索引号[0]～[5]都要填入相同的值,分母索引号[0]～[5]也要填入相同的
值;否则在加工螺纹时会有报警:26050。

参数生效方式:Power On。

②轴速度

MD32000 MAX ＿ AX ＿ VELO 最大轴速度。

描述:轴的最大速度,对应 G0 的速度。

参数生效方式:机床数据有效。

MD32010 JOG ＿ VELO ＿ RAPID 点动方式快速速度。

描述:JOG 方式下的快速速度,此值不能超过最大轴速度 MD32000 中的设置值。

参数生效方式:复位。

MD32020 JOG ＿ VELO 点动速度。

描述:JOG 方式下的轴进给速度。

参数生效方式:复位。

MD36200 AX ＿ VELO ＿ LIMIT[0]...[5]速度监控的门限值。

描述:轴速度监控的最大极限值,应比 MD32000 中的设置值大 10％～15％,索引[1]～[5]
分别对应换挡挡位 1～5 挡。

参数生效方式:机床数据有效。

③返回参考点

MD34000 REFP ＿ CAM ＿ IS ＿ ACTIVE 此轴带参考点开关。

描述:0:此轴无参考点开关;

　　　1:此轴至少有一个参考点开关。

参数生效方式:复位。

MD34010 REFP ＿ CAM ＿ DIR ＿ IS ＿ MINUS 返回参考点方向。

描述:0:正方向返回参考点;

　　　1:负方向返回参考点。

参数生效方式:复位。

MD34020 REFP ＿ VELO ＿ SEARCH ＿ CAM 寻找参考点开关的速度。

描述:机床轴逼近参考点开关的位置。

参数生效方式:复位。

MD34040 REFP ＿ VELO ＿ SEARCH ＿ MARKER 寻找零脉冲的速度。

描述:增量测量系统,机床轴从初始参考点开关到同步到第一个零标记期间的速度。

参数生效方式:复位。

MD34060 REFP ＿ MAX ＿ MARKER ＿ DIST 寻找零标记的最大距离。

描述:对于增量测量系统,机床轴离开参考点开关后,开始寻找零标记的最大距离。

参数生效方式:复位。

MD34070 REFP_VELO_POS 返回参考点的定位速度。

描述:对于增量系统,机床轴从同步到第一个零标记至到达参考点期间的速度。

参数生效方式:复位。

MD34080 REFP_MOVE_DIST 参考点偏移距离。

描述:a. 标准测量系统(等距零标记的增量编码器),零标记的偏移量,实际偏移值为

MD34080 REFP_MOVE_DIST+MD34090 REFP_MOVE_DIST_CORR;

b. 距离码的编码器无效。

参数生效方式:机床数据有效。

MD34090 REFP_MOVE_DIST_CORR 参考点偏移距离偏置值。

描述:a. 增量测量系统:零标记的偏移量,实际偏移值为 MD34080 REFP_MOVE_DIST+MD34090 REFP_MOVE_DIST_CORR;

b. 距离码测量系统:MD34090 实际为绝对偏置,为机床零点到当前测量系统第一个零标记距离的偏移;

c. 绝对值编码器:MD34090 实际为绝对偏置,为机床零点和绝对测量系统的零点之间距离的偏移。

参数生效方式:机床数据有效。

MD34100 REFP_SET_POS 参考点(相对于机床坐标系)的位置。

描述:找到参考后,设置参考点在机床坐标系中的位置。

参数生效方式:复位。

MD34110 REFP_CYCLE_NR 返回参考点次序。

描述:各机床轴返回参考点的顺序。

例:VMC850,Z 轴设置为 1,X 轴和 Y 轴设置为 2,这样在自动回零时,先是 Z 轴返回参考点,等 Z 轴回零结束后,X 轴和 Y 轴再同时返回参考点。

参数生效方式:Power On。

MD34200 ENC_REFP_MODE[0]...[1]返回参考点模式。

描述:0:绝对值编码器返回参考点模式;

1:增量编码器返回参考点模式。

参数生效方式:Power On。

MD34210 ENC_REFP_STATE[0]...[1]绝对值编码器调试状态。

描述:此参数包含绝对值编码器的状态。

34210[0]:对应第一测量系统;

34210[1]:对应第二测量系统。

0:编码器未校准;

1:编码器校准使能;

2:编码器已校准。

例:VMC850,配绝对值编码器电机,在调试回零时,返回参考点模式 MD34200 应设为 0,绝对值编码器状态 MD34210 设为 1,然后执行回零,回零结束后 MD34210 由 1 变为 2,表示回零结束,编码器调整完毕。

参数生效方式:立即生效。

MD11300 JOG_INC_MODE_LEVELTRIGGRD 返回参考点触发方式。

描述:1:点动方式,按住返回参考点轴的方向键,直到屏幕上出现参考点到达的标志;

　　0:连续方式,点一下方向键,即可自动返回参考点。

参数生效方式:Power On。

④软限位

MD36100 POS_LIMIT_MINUS 第一软限位负向。

描述:第一软件限位负向,仅当回零结束后且 PLC 中第二软限位负的信号未激活时有效。

参数生效方式:机床数据有效。

MD36110 POS_LIMIT_PLUS 第一软限位正向。

描述:第一软件限位正向,仅当回零结束后且 PLC 中第二软限位正的信号未激活时有效。

参数生效方式:机床数据有效。

(4) 主轴相关

MD30300 IS_ROT_AX 旋转轴/主轴。

描述:0:定义此轴为直线轴;

　　　1:定义此轴为旋转轴主轴,SP 需将此参数设置为1。

参数生效方式:Power On。

MD30310 ROT_IS_MODULO 旋转进给轴/主轴为模态。

描述:0:非模态;

　　　1:模态主轴和旋转轴需设置此参数为1。

参数生效方式:Power On。

MD30320 DISPLAY_IS_MODULO 使旋转轴和主轴以 360°模数显示。

描述:0:360°模数显示;

　　　1:绝对位置显示有效。

参数生效方式:Power On。

MD35000 SPIND_ASSIGN_TO_MACHAX 定义机床轴为主轴。

描述:将主轴号输入到此参数,主轴被定义,同时 MD30300 和 MD30310 也必须设置为1。

参数生效方式:Power On。

SD43200 SA_SPIND_S 通过 VDI 进行主轴启动时的速度。

描述:由 PLC 接口信号 DB380x.DBX5006.1(主轴顺时针旋转)和 DB380x.DBX5006.2 (主轴逆时针旋转)触发的主轴旋转的速度。

参数生效方式:立即生效。

(5) 主轴换挡

MD35010 GEAR_STEP_CHANGE_ENABLE 齿轮级改变使能。

描述:BIT0=1,BIT1=1:恒定的齿轮级,第一齿轮级生效,不能通过 M40 到 M45 改变齿轮级;BIT0=1:齿轮级可改变,齿轮级最多5级。

参数生效方式:复位。

MD35110 GEAR_STEP_MAX_VELO[0]...[5]主轴各挡最高转速。

描述:用于自动换挡的各挡位主轴的最高速度索引[1]~[5]分别对应换挡挡位 1~5 挡, MD35110 的值应大于 MD35120 的值。

参数生效方式:机床数据有效。

MD35120 GEAR_STEP_MIN_VELO[0]...[5]主轴各挡最低转速。

描述:用于自动换挡的各挡位主轴的最低速度索引[1]~[5]分别对应换挡挡位 1~5 挡, MD35120 的值应小于 MD35110 的值。

参数生效方式:机床数据有效。

MD35130 GEAR_STEP_MAX_VELO_LIMIT[0]...[5]主轴各挡最高转速限制。

描述:在速度控制模式下,主轴各挡的最大速度极限索引[1]～[5]分别对应换挡挡位 1～5 挡。

参数生效方式:机床数据有效。

MD35140 GEAR_STEP_MIN_VELO_LIMIT[0]...[5]主轴各挡最低转速限制。

描述:主轴各挡的最低速度极限索引[1]～[5]分别对应换挡挡位 1～5 挡。

参数生效方式:机床数据有效。

(6) 自动优化

MD32200 POSCTRL_GAIN[0]...[5]位置环增益。

描述:调整各轴的位置环增益一致(取最小 MD32200)。如无主轴换挡,各进给轴增益以索引[0]为准;如有主轴换挡,索引[1]～[5]对应挡位 1～5,各进给轴所对应挡位索引的增益值生效。

例:VMC850 中,

32200[0]:取进给轴中的最小值;

32200[1]:取主轴和进给轴中的最小值。

参数生效方式:机床数据有效。

MD32810 EQUIV_SPEEDCTRL_TIME[0]...[5]速度控制环等效时间常数。

描述:调整各轴的速度控制时间一致(取最大 MD32810)。如无主轴换挡,各进给轴以索引[0]为准;如有主轴换挡,索引[1]～[5]对应挡位 1～5,各进给轴所对应挡位索引的值生效。

例:VMC850 中,

32810[0]:取进给轴中的最大值;

32810[1]:取主轴和进给轴中的最大值。

参数生效方式:机床数据有效。

MD32640 STIFFNESS_CONTROL_ENABLE 动态刚性控制。

描述:如果将此位置 1,将激活动态刚性控制,如果有报警,将此位改为 0。

参数生效方式:机床数据有效。

P1433 Speed controller reference model natural frequency 转速控制器参考模型固有频率。

描述:转速控制器参考模型固有频率,自动优化后需将各轴取 P1433 最小值。

参数生效方式:保存/复位。

P1434 Speed controller reference model damping 转速控制器参考模型衰减。

描述:转速控制器参考模型衰减,自动优化后需将各轴取 P1434 最大值。

参数生效方式:保存/复位。

P1460 Speed controller P gain 速度控制器速度环增益。

描述:速度环增益,当自动优化后,机床还有异响可适当降低此值。

参数生效方式:保存/复位。

P1462 Speed controller integral time 速度控制器积分时间参数。

描述:速度环积分时间。

参数生效方式:保存/复位。

MD32420 JOG_AND_POS_JERK_ENABLE 手动和定位方式下轴加加速度限制使能。

描述:1:激活手动和定位方式下轴加加速度限制;

　　　0:不激活。

参数生效方式:复位。

MD32430 JOG_AND_POS_MAX_JERK 手动和定位方式下轴加加速度最大值。

描述:手动和定位方式下轴加加速度最大值,默认值为 100。当自动优化后,正反向反复摇手轮时轴的振动比较明显,则说明机床轴在换向时加加速度过大,可激活 MD32420 手动和定位方式下轴加加速度限制来解决。

例:MD32420＝1:激活手动和定位方式下轴加加速度限制;MD32430＝20～50:手动和定位方式下轴加加速度最大值,此值可根据实际情况具体调整。

参数生效方式:机床数据有效。

(7) 补偿

MD32450 BACKLASH[0]...[1]反向间隙。

描述:反向间隙补偿。

　　32450[0]:对应第一测量系统;

　　32450[1]:对应第二测量系统。

MD32700 ENC _ COMP _ ENABLE[0]...[1]编码器/丝杠螺距误差补偿生效。

描述:对应测量系统的螺距误差补偿生效。

　　32700[0]:对应第一测量系统;

　　32700[1]:对应第二测量系统。

　　0:螺距误差补偿无效;

　　1:螺距误差补偿生效。

参数生效方式:机床数据有效。

注意:第一次做螺距误差补偿时,要想使其生效必须执行 Power On,之后想生效或取消螺距补偿,执行机床数据有效即可。

(8) 用户数据

MD14510 USER _ DATA _ INT[0]...[31]用户数据(整型数)。

描述:14510[0]:对应 PLC 接口地址 DB4500. DBW0;

　　14510[1]:对应 PLC 接口地址 DB4500. DBW2;

　　14510[2]:对应 PLC 接口地址 DB4500. DBW4;

　　······

　　14510[31]:对应 PLC 接口地址 DB4500. DBW62。

参数生效方式:Power On。

MD14512 USER _ DATA _ HEX[0]...[31]用户数据(十六进制数)。

描述:14512[0]:对应 PLC 接口地址 DB4500. DBB1000;

　　14512[1]:对应 PLC 接口地址 DB4500. DBB1001;

　　14512[2]:对应 PLC 接口地址 DB4500. DBB1002;

　　······

　　14512[31]:对应 PLC 接口地址 DB4500. DBB1031。

参数生效方式:Power On。

MD14514 USER _ DATA _ FLOAT[0]...[7]用户数据(十六进制数)。

描述:14514[0]:对应 PLC 接口地址 DB4500. DBD2000;

　　14514[1]:对应 PLC 接口地址 DB4500. DBD2004;

　　14514[2]:对应 PLC 接口地址 DB4500. DBD2008;

　　······

　　14514[7]:对应 PLC 接口地址 DB4500. DBD2028。

参数生效方式:Power On。

MD14516 USER _ DATA _ PLC _ ALARM PLC[0]...[247] PLC 用户报警的响应。

描述:PLC 用户报警的响应。

　　14516[0]:对应用户报警 700000,PLC 接口地址 DB4500. DBB3000;

14516[1]:对应用户报警 700001,PLC 接口地址 DB4500.DBB3001;

14516[2]:对应用户报警 700002,PLC 接口地址 DB4500.DBB3002;

......

14516[247]:对应用户报警 700247,PLC 接口地址 DB4500.DBB3247。

BIT0:NC 启动禁止;

BIT1:读入禁止;

BIT2:所有轴进给禁止;

BIT3:急停;

BIT4:PLC 停止;

BIT5:预留;

BIT6:删除键取消报警;

BIT7:上电取消报警。

参数生效方式:Power On。

(9) 刀库管理

MD20270 CUTTING_EDGE_DEFAULT 未编程时刀具刀沿的默认设置。

描述:1:缺省设置(适用于带机械手刀库和刀塔);

—2:旧刀具的刀沿补偿继续生效,直至编程 D 号(适用于斗笠式刀库)车床刀塔和带机械手的链式刀库,在调用 M206 进行换刀后会产生 NC 读入禁止。等待 PLC 发送换刀完成应答后,NC 读入禁止取消,才能继续运行 NC 程序,所以 MD20270=1 保持默认值即可;不带机械手的斗笠式刀库,在调用 M206 进行换刀后,需要移动 Z 轴,并调用 M 功能,所以 MD20270=−2。运行到选择 D 号的程序段时 NC 读入禁止,等待 PLC 发送换刀完成的应答,然后才能继续运行 NC 程序。

参数生效方式:Power On。

MD20310 MC_TOOL_MANAGEMENT_MASK 激活不同类型的刀具管理。

描述:调试刀库时采用默认参数即可。

Bit 9:由 PLC 模拟应答。所有的换刀命令均由系统立即自动产生应答,不用由用户 PLC 程序做出应答。没有刀库的铣床上需要选中此位,之后所有的应答信号均由系统内部自动给出。

参数生效方式:Power On。

MD52270 MCS_TM_FUNCTION_MASK 刀库管理功能。

描述:Bit0:不允许在刀库位置创建刀具;

Bit1:当机床不处于复位时,禁止装载/卸载;

Bit2:急停时,禁止装刀/卸刀;

Bit3:禁止向主轴装刀或从主轴卸刀;

Bit4:刀具直接装入主轴,刀具只能直接装入主轴;

Bit7:通过 T 号创建刀具,创建刀具时必须输入刀具的 T 号;

Bit8:隐藏"移位",刀具移位功能键在操作界面中隐藏;

Bit9:隐藏"刀库定位",刀库定位功能键在操作界面中隐藏;

参数生效方式:Power On。

MD22562 TOOL_CHANGE_ERROR_MODE 刀具交换过程出错。

描述:Bit1:若允许手动刀具,要设置此位为 1;如果不允许手动刀具,则保持默认值即可。

参数生效方式:Power On。

3 发那科数控系统应用综合实训

本章导读：本章主要围绕发那科数控系统应用展开研究，包含两个综合训练项目。3.1 节讲述发那科 FANUC 0i Mate‐TD 在数控车床上的具体应用；3.2 节讲述发那科 FANUC 0i‐MD 在加工中心上的具体应用。

3.1 综合实训项目 3——数控车床

发那科 FANUC 0i Mate‐TD 数控系统是一款面向全球市场的、以面向标准数控车床和铣床为主的经济型数控系统解决方案。在本节中，将针对该系统在数控车床上基本配置情况及主要部件的组成进行介绍，从数控车床设计的角度出发，展开对发那科 FANUC 0i Mate‐TD 数控系统的应用研究，主要包含发那科 FANUC 0i Mate‐TD 数控系统的硬件介绍、软件介绍和系统调试三部分内容。

3.1.1 实训目的与要求

1) 实训目的

(1) 熟悉发那科 FANUC 0i Mate‐TD 数控系统的硬件组成；
(2) 熟悉发那科 FANUC 0i Mate‐TD 数控系统的硬件连接；
(3) 熟悉发那科 FAPT LADDER‐Ⅲ软件的使用；
(4) 熟悉发那科 FANUC 0i Mate‐TD 数控系统调试及伺服优化。

2) 实训要求

(1) 写出发那科 FANUC 0i Mate‐TD 数控系统的几大组成部分；
(2) 在数控车床不通电情况下，能按照电气设计图纸将 CRT/MDI 单元、主板、I/O 板、操作面板、伺服电机等硬件进行安装连接；
(3) 会使用 FAPT LADDER‐Ⅲ软件，建立 PC 与 CNC 之间的连接，进行 PMC 程序的上载与下载，并对 I/O 状态监控；
(4) 能进行发那科 FANUC 0i Mate‐TD 数控系统调试，包括轴基本参数、伺服参数和 PMC 调试；
(5) 能进行伺服优化；
(6) 能将发那科 FANUC 0i Mate‐TD 数控系统数据备份。

3.1.2 发那科 FANUC 0i Mate‐TD 数控系统硬件配置及连接（车床版）

1) 发那科 FANUC 0i Mate‐TD 数控系统的硬件配置

发那科 FANUC 0i Mate‐TD 是数控车床用的经济型数控系统，其系统的配置如表 3.1.1 所示。

表 3.1.1　FANUC 0i Mate - TD 的系统配置

型　号	用于机床	放大器	电　机
FANUC 0i Mate - TD	车床	αi 或 βi 系列的放大器	αi 或 βi 系列

发那科 FANUC 0i Mate - TD 数控系统的主要部件包括主板、CRT/MDI 单元、操作面板、I/O 模块、电源模块、主轴模块、伺服轴模块和刀架模块等,如图 3.1.1 所示。

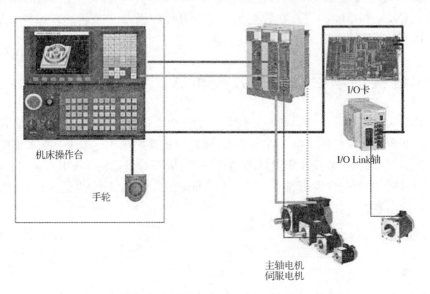

图 3.1.1　FANUC 0i Mate - TD 基本部件

说明:经济型数控车床有主轴和 X/Z 轴,发那科 FANUC 0i Mate - TD 数控系统最多可同时控制 3 个轴,1 个主轴,已足够使用,并且车床刀架用的电动控制,因此图中的 I/O Link 轴在车床中用不到。

2) 发那科 FANUC 0i Mate - TD 数控系统的硬件连接

发那科 FANUC 0i Mate - TD 数控系统整合在 LCD(液晶显示器)的后面,LCD 实物如图 3.1.2 所示,封装好的数控系统实物如图 3.1.3 所示。

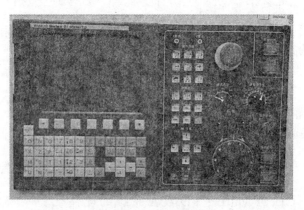

图 3.1.2　LCD 实物图

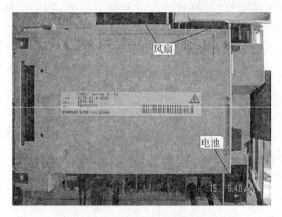

图 3.1.3　封装好的数控系统单元

总体连接口如图 3.1.4 所示。连接口及其用途如表 3.1.2 所示。

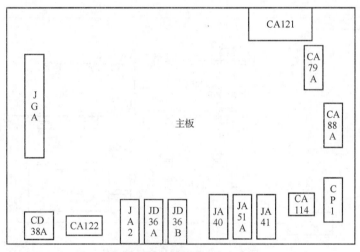

图 3.1.4　总体连接口

表 3.1.2　连接口及其用途

连接器号	用　途	连接器号	用　途
COP10A	伺服放大器（FSSB）	CP1	DC24V－IN
JA2	MDI	JGA	后面板接口
JD36A	RS－232－C 串行端口 1	CA79A	视频信号接口
JD36B	RS－232－C 串行端口 2	CA88A	PCMCIA 接口
JA40	模拟主轴/高速 DI	CA122	软键
JD51A	I/O Link	CA121	变频器
JA41	串行主轴/位置编码器	CD38A	以太网
		CA114	电池

注意：①FSSB 一般接左边插口；

②风扇、电池、软键、MDI 一般都已经连接好，不要改动；

③电源线 CP1 可能有两个插头，一个为＋24 V 输入（左），另一个为＋24 V 输出（右）。具体接线为（1—24 V、2—0 V、3—地线）；

④JD36A/JD36B 是和电脑连接线的接口,一般接 JD36A,如果不和电脑连接,可不接此线;

⑤JA41 的连接:如果使用 FANUC 的主轴放大器,这个接口连放大器的指令线,如果主轴使用变频器(即指令线由 JA40 模拟主轴连接),则这里连接主轴位置编码器(车床一般都要接编码器,如果是 FANUC 的主轴放大器,则编码器连接到主轴放大器的 JYA3);

⑥JD51A 是连接到 I/O 模块或机床操作面板的,必须连接。

（1）伺服放大器的连接

发那科 FANUC 0i Mate - TD 数控系统的伺服放大器使用不带主轴的 βi 系列,放大器是单轴型 SVM1 - 4/20,没有独立的电源模块。其与主板的接线如图 3.1.5 所示,放大器的外形图如图 3.1.6 所示,放大器的接线如图 3.1.7 所示。

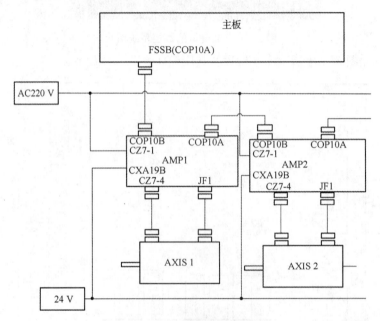

图 3.1.5　放大器与主板的接线

图 3.1.6　放大器外形图

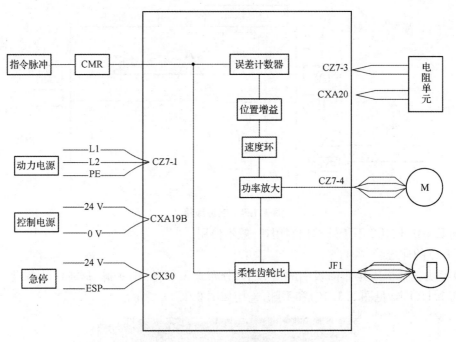

图 3.1.7 放大器的接线

（2）模拟主轴的连接

选择三菱 D700 变频器作为主轴控制，而不使用 FANUC 的主轴放大器，可以选择模拟主轴接口，JA40 与模拟主轴连接，JA41 连接主轴位置编码器，如图 3.1.8 所示。系统向外部提供 0～10 V 模拟电压，接线比较简单，注意极性不要接错（见图 3.1.9），否则变频器不能调速。

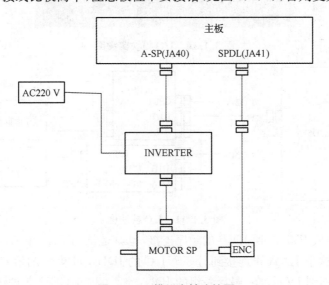

图 3.1.8 模拟主轴连接图

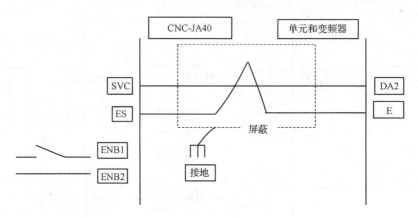

图 3.1.9 电缆线接头

上述 ENB1/ENB2 用于外部控制用,一般不使用。

（3）I/O 的连接

I/O 模块包括机床操作面板用的 I/O 卡、分布式 I/O 单元、手脉、I/O Link 轴等。此处车床上有两个 I/O 卡（见图 3.1.10）和手脉,连接如图 3.1.11 所示。

图 3.1.10 I/O 模块实物图

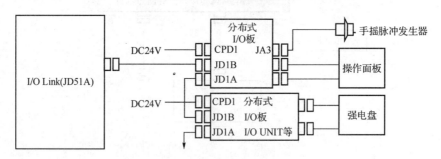

图 3.1.11 I/O 接线图

注意:必须按照从 JD51A 到 JD1B 的顺序连接,也就是从 JD51A 出来,到 JD1B 为止,下一个 I/O 设备也是从这个 JD1A 再连接到另一个 I/O 的 JD1B,如果不是按照这个顺序,则会出现通信错误或者检测不到 I/O 设备,最后一组的 JD1A 空。CE56、CE57 是两组输入/输出端口。

（4）急停的连接

如图 3.1.12 所示。

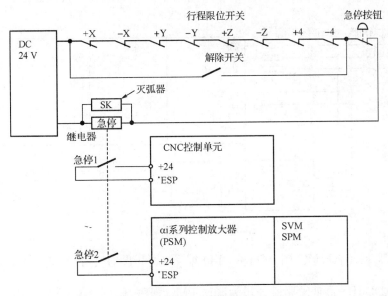

图 3.1.12 急停连接

注意：上述图中的急停继电器的第一个触点接到 NC 的急停输入(X8.4)，第二个触点接到放大器的电源模块的 CX4(2,3)。对于 βiS 单轴放大器，接第一个放大器的 CX30(2,3 脚)，注意第一个 CX19B 的急停不要接线。注意：所有的急停只能接触点，不要接 24 V 电源。

（5）电机制动器的连接

如图 3.1.13 所示（电源可以选择直流 24 V，或者 220 V 通过变压器变为 29 V 再全波整流为直流 24 V）。

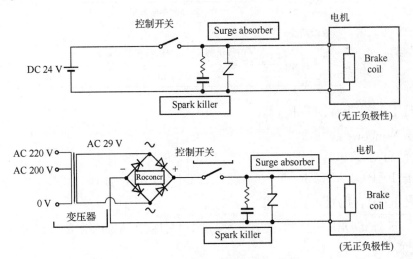

图 3.1.13 电机制动器的连接

注：上图中的 Switch 为 I/O 输出点的继电器触点（常开），控制制动器的开闭。

（6）电源的连接

电源的连接如图 3.1.14 所示。通电前断开所有断路器，用万用表测量各个电压（交流 200 V，直流 24 V）正常之后，再依次接通系统 24 V，伺服控制电源(PSM)220 V，24 V(βi)。最后接通伺服主回路电源(3 相 220 V)。

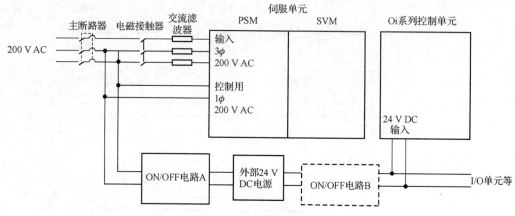

图 3.1.14 电源的连接

3.1.3 发那科 FANUC 0i Mate‐TD 编程软件 FAPT LADDER‐Ⅲ介绍

FAPT LADDER‐Ⅲ是发那科公司为调试 PMC 程序开发的一款 PC 适用软件。FANUC 0i‐D 系统采用 FLADDER‐Ⅲ V5.7 以上的版本。表 3.1.3 为 FLADDER‐Ⅲ的主要功能。

表 3.1.3 FLADDER‐Ⅲ的主要功能

离线功能	顺序程序的制作和编辑
	顺序程序 PMC 的传送
	顺序程序的打印
在线功能	顺序程序的监视
	顺序程序的在线编辑
	诊断功能 (信号状态显示,扫描,报警显示等)
	写入 F‐ROM

1) 启动 FAPT LADDER‐Ⅲ

(1) 点击 Windows 的"启动"。

(2) 选择"启动"菜单的"程序"—"FAPT LADDER‐Ⅲ"文件夹。

(3) 点击"FAPT LADDER‐Ⅲ"。启动 FAPT LADDER‐Ⅲ。

2) 结束 FAPT LADDER‐Ⅲ

结束 FAPT LADDER‐Ⅲ的方法有 2 种:点击"文件"菜单的"结束"和点击主窗口右上的"×"(关闭钮)。

3) FAPT LADDER‐Ⅲ窗口的名称与功能

(1) 窗口名称

FAPT LADDER‐Ⅲ显示的窗口名称如图 3.1.15 所示。在主窗口中显示多个子窗口。

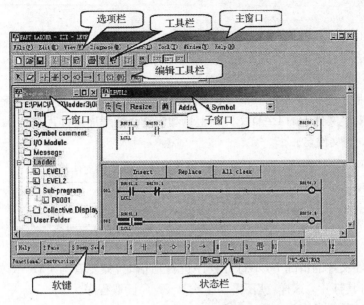

图 3.1.15　FAPT LADDER－Ⅲ显示的窗口

（2）菜单构成

主菜单及主要功能如表 3.1.4 所示。

表 3.1.4　主菜单及主要功能

文件	进行程序的制作，与存储卡和软盘间的数据输入输出、程序的打印等
编辑	进行编辑操作、检索、跳转等
显示	切换工具栏和软键的显示与不显示
诊断	显示 PMC 信号状态、PMC 参数、信号扫描等的诊断画面
梯形图	进行在线/离线的切换、监视/编辑的切换
工具	进行助记形式变换、与 FAPT LADDER－Ⅲ的文件变换、编译、与 PMC 的通信等
窗口	进行操作窗口的选择、窗口的排列
帮助	显示主题的检索、帮助、版本信息

（3）LAD 文件

FAPT LADDER－Ⅲ的顺序程序，在程序名 LAD 的文件中储存了所有数据。表 3.1.5 为源程序、目标码的种类与备注。

表 3.1.5　源程序、目标码的种类与备注

分　类	种　类	备　注
源程序	系统参数	设定计数器的数值形式等
	标题数据	设定顺序程序的名称和版本等
	符号/注释	信号名和说明
	信息数据	信息字符串
	I/O 分配数据	I/O Link 分配数据
	I/O 分配注释	I/O 分配的注释
	顺序程序	程序本体
	网格注释	程序上附加的注释
目标码	存储卡形式数据	

注：

✧目标码（ROM 形式数据）是由源程序编译来的；

✧对目标码进行反编译就得到源程序；

✧将源程序进行助记变换就变成助记语言。

在没有打开程序的状态下与 PMC 进行通信时，将从 PMC 读取顺序程序，并且在 FAPT LADDER-Ⅲ的安装文件下的 LAD 文件夹上自动制作在线程序文件。表 3.1.6 为主控 PMC、装料器控制 PMC 的文件名。

表 3.1.6　主控 PMC、装料器控制 PMC 的文件名

分　类	文件名
主控 PMC	PMC0000. LAD～PMC0009. LAD
装料器控制 PMC	PMC1000. LAD～PMC1009. LAD

在有在线程序文件的情况下，不打开程序进行通信时，只要有与 PMC 侧的程序一致的在线程序文件，就将其打开。这样，就不需要多次从 PMC 读取程序。

在线程序文件数量最多为 10。

4）新程序的创建

（1）点击 FAPT LADDER-Ⅲ的"文件"菜单的"重新制作程序"。显示"重新制作程序"对话框，如图 3.1.16 所示。

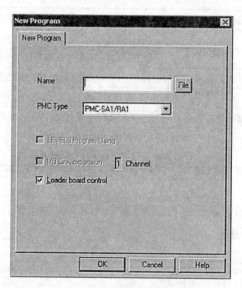

图 3.1.16　"重新制作程序"对话框

（2）在"程序名"上输入程序名。后缀 LAD 可以省略。没有默认的文件夹时，点击"参照（VIEW）"钮，选择文件夹。

（3）在"PMC 种类"下拉式列表框上选择使用的 PMC 的版本。

（4）在 PMC-NB、SB6 上使用第 3 级梯形图时，打开"第 3 级梯形图"控制框。

（5）使用 I/O Link 的双通道功能时，打开"I/O Link 点数扩展"的控制框。

（6）点击"确定"按钮，制作新程序。

（7）要终止制作新程序时，点击"删除"按钮。用状态栏确认所选择的 PMC 品种。

5) 打开既有程序

（1）点击 FAPT LADDER－Ⅲ的"文件"菜单的"打开程序"。显示"打开文件"对话框,如图 3.1.17 所示。

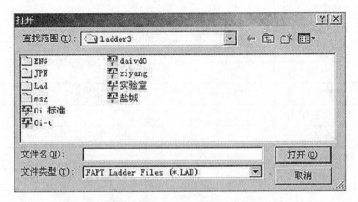

图 3.1.17 "打开文件"对话框

（2）输入"文件名",点击"打开"按钮。显示"程序清单"对话框。

（3）终止操作时,点击"删除"按钮。

6) 离线编辑

FAPT LADDER－Ⅲ的编辑有离线编辑和在线编辑两种。离线编辑指在与 PMC 不通信的状态下编辑程序,在线编辑指在与 PMC 通信的同时进行程序编辑和监视。当前的编辑方式通过窗口下方的状态栏确认。两种方式可通过选项栏的"梯形图"—"离线/在线"进行切换。在线方式时,如果 PC 侧与 PMC 侧的顺序程序不一致,就不能进行编辑或监视。这时,就要进行顺序程序的装入和存储的操作,以使 PC 与 PMC 的顺序程序一致。

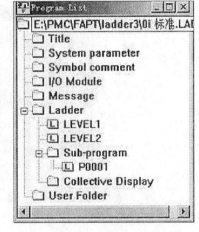

图 3.1.18 "程序清单"对话框

（1）编辑标题

显示"程序清单"对话框（见图 3.1.18）。

双击"标题"栏,显示"编辑标题"对话框（见图 3.1.19）。

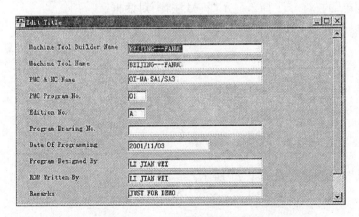

图 3.1.19 "编辑标题"对话框

设定各项目,在各项目上可设定的最多字符数如表 3.1.7 所示。

表 3.1.7　主菜单及主要功能

项目	最多字符数	备注
机床厂名	32	
机床名	32	
CNC/PMC 种类	32	
程序号	4	显示在 CNC 系统配置画面上
版本号	2	
程序图号	32	
制作年月日	16	
制作者	32	
ROM 制作者	32	
注释	32	程序的标题

（2）设定系统参数

双击"程序清单"的"系统参数"，显示"设定系统参数"对话框，如图 3.1.20 所示。

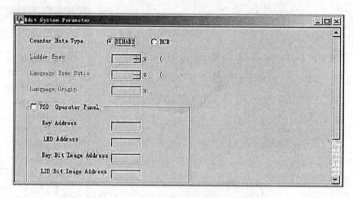

图 3.1.20　"设定系统参数"对话框

从"二进制"和"BCD"中选择"计数器数据形式"。

使用 FS0 用机床操作盘时，打开"FS0 操作盘"的检查，用输入输出设定所使用的地址。

（3）定义符号

双击"程序清单"的"符号注释"，显示"符号注释"对话框。

定义新符号操作如表 3.1.8 所示。

表 3.1.8　新符号操作

项　目	操　作
工具栏	按新登录按钮"N"
选项栏	点击主窗口的"编辑"、"新登录"
上下文菜单	点击鼠标器的右键，选择上下文菜单的"新登录"

显示"新登录"对话框，如图 3.1.21 所示。

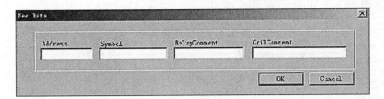

图 3.1.21　"新登录"对话框

输入"地址"(必须)、"符号"、"继电器注释"、"线圈注释"。

重复这种操作,登录多个符号。

按"取消"按钮,关闭"新登录"对话框。

修改符号注释,只需选定一个符号按"Enter"键,然后进行修改。

(4) 分配 I/O Link 的地址

使用 I/O Link 功能时,必须设定与 I/O Link 连接的 I/O 模块的输入输出信号的地址(X, Y)。

双击"程序清单"对话框的"I/O 模块",显示"编辑 I/O 模块"对话框,如图 3.1.22 所示。

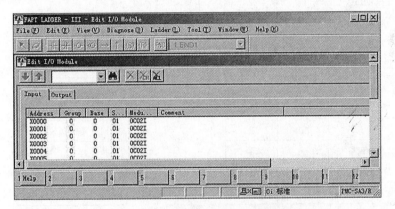

图 3.1.22　"编辑 I/O 模块"对话框

双击进行设定的地址,显示"设定模块"对话框,如图 3.1.23 所示。

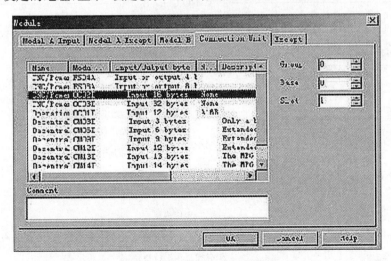

图 3.1.23　"设定模块"对话框

选择模块的种类和 I/O Link 上的组号等。

按"OK"按钮,进行分配。

模块名清单如表 3.1.9 所示。

表 3.1.9　模块名清单

模块名	输入长度/字节			备 注
	输入	输出		
ID32A	4	—		非隔离型 DC 输入
ID32B	4	—		
ID16C	2	—		隔离型 DC 输入
ID16D	2	—		
ID32E	4	—		
ID32F	4	—		
IA16G	2			非隔离型 AC 输入
OD08C	—	1	模块 I/O Unit - A	隔离型 DC 输出
OD08D	—	1		
OD16C	—	2		
OD16D	—	2		
OD32C	—	4		
OD32D	—	4		
OA05E	—	1		AC 输出(~240 V)
OA08E	—	1		
OA12F	—	2		AC 输出(~120 V)
OR08G	—	1		继电器输出
OR16G	—	2		
AD04A	8			模拟输入
DA02A		4		模拟输出
#n	N	n	I/O Unit - B	N:1~10 字节长
##	4	4		上电状态
FS04A	4	4	CNC 装置	Power Mate,FS0 等
FS08A	8	8		
OC01I	8	—	• 分线盘用连接装置 • 机床操作盘接口装置 • CNC 装置等	
OC01O	—	8		
OC02I	16	—		
OC02O	—	16		
OC03I	32	—		
OC03O	—	32		
n	n	—	专用模块	—
/n	—	n		
CM16I	16	—	分线盘用 I/O 模块	—
CM08O	—	8		

（5）登录信息字符串

双击"程序清单"对话框的"信息"。显示"编辑信息"对话框，如图 3.1.24 所示。

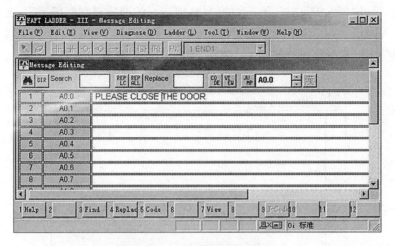

图 3.1.24　"编辑信息"对话框

把信息号和信息字符串输入所希望的地址。

信息号 1000 号位是报警信息。

信息号 2000 号位是操作者信息。

使用"VIEW"按钮可以找出在 CNC 上可能不能显示的字符。

（6）编辑梯形图

程序清单中程序名左侧的"L"表示是梯形图形式程序，"S"表示是步序形式程序。

用以下 2 种方法显示梯形图编辑画面：双击要编辑的程序，选择要编辑的程序，随后按"Enter 键"或"F10"。显示如图 3.1.25 所示的"梯形图编辑画面"。

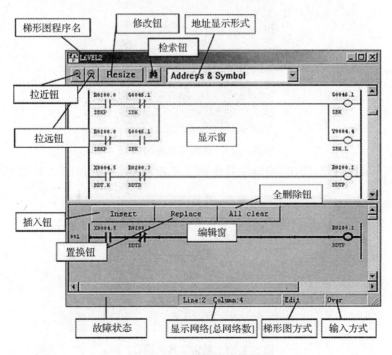

图 3.1.25　梯形图编辑画面

　　"拉近"钮或"拉远"钮,把梯形图调整到清晰易见的尺寸;打开"地址显示形式"下拉式列表框,选择地址和符号的显示形式;"全删除"钮用来删除编辑窗的内容。

　　修改网格:双击"显示窗"中进行修改的网格,把选好的网格复制到编辑窗;在显示窗把光标移到进行修改的网格上,并按"Enter"键,就可在编辑窗中进行复制。

　　在"编辑窗"中把光标移到要输入元素的位置上,如图 3.1.26 所示。

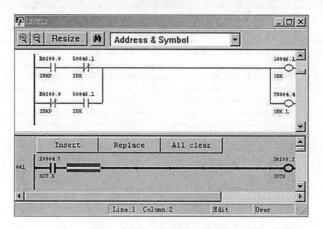

图 3.1.26　光标移动后画面

　　进入程序编辑画面后,单击鼠标右键,弹出"编辑工具画面",选择插入触点类型,如常开、常闭、输出正、输出非等,如图 3.1.27 所示。

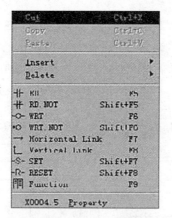

图 3.1.27　编辑工具画面(1)

　　同样,再单击鼠标右键,弹出"编辑工具画面",或者直接按 F9,如图 3.1.28 所示。

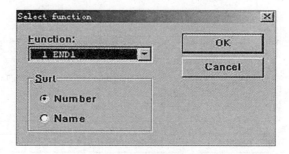

图 3.1.28　编辑工具画面(2)

插入所需要的功能模块,这时未完成的梯形图用红色表示,如图 3.1.29 所示。

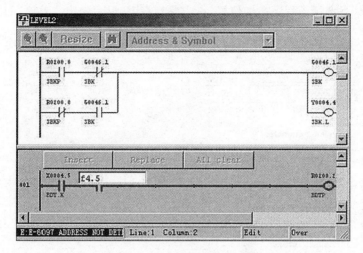

图 3.1.29　未完成的梯形图

完善输入输出条件后,梯形图变黑,表示完成了这一网格的编辑。

FAPT LADDER－Ⅲ快捷键的使用见表 3.1.10。

表 3.1.10　FAPT LADDER－Ⅲ快捷键的使用

F2	向下检索线圈	Shift+F2	向上检索线圈
F3	检索下一个(向下方向)	Shift+F3	检索下一个(向上方向)
F4	─┤├─	Shift+F4	─┤/├─
F5	─○─	Shift+F5	─∞─
F6	---[S]---	Shift+F6	---[R]---
F7	↑	Shift+F7	↓
F8	→	Shift+F8	---
F9	功能命令	Shift+F9	网格注释
Ctrl+F2	全局搜索	Ctrl+F5	替换
Ctrl+F7	插入元素	Ctrl+F8	插入行
Ctrl+F9	插入网络(前)	Ctrl+F10	插入网络(后)
Delete	消除元素	Ctrl+C	复制
Ctrl+F	检索	Ctrl+G	跳到指定网格行
Ctrl+V	粘贴	Ctrl+X	剪切
Ctrl+Z	复位		
Home	显示左端	End	显示右端
Ctrl+Home	跳到开头	Ctrl+End	跳到末尾
Ctrl+↑	跳到上一个网行	Ctrl+↓	跳到下一个网行
Ctrl+PgUp	跳到上一页	Ctrl+PgDn	跳到下一页

（7）追加子程序

在"程序清单"下选择子程序追加位置，点击鼠标右键，显示弹出式菜单，如图 3.1.30 所示。

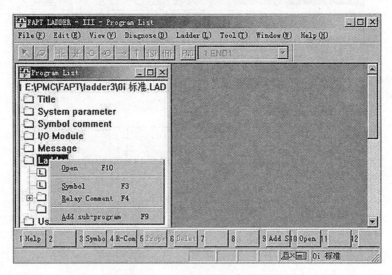

图 3.1.30　"追加子程序"菜单

点击弹出式菜单的"追加子程序"。

在"追加子程序"对话框输入"子程序名 P"、"种类"、子程序的"符号"、子程序的继电器注释，如图 3.1.31 所示。

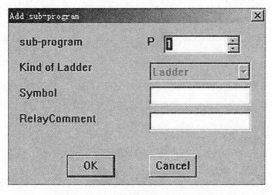

图 3.1.31　"追加子程序"对话框

点击"OK"，显示梯形图。

7）PC 机与 CNC 通信的建立（RS232C 连接）

（1）CNC 侧的准备

按 SYSTEM 键，按翻页键，出现 PMCCNF，按下，再按翻页键，出现 在线，按下，出现如图 3.1.32 所示的画面。

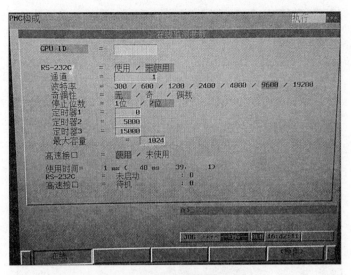

图 3.1.32 通信参数设置画面

在图 3.1.32 所示画面中设定波特率、奇偶校验位、停止位数等,并在 RS-232C 中选择"使用"。

(2) PC 侧的准备

FAPT LADDER-Ⅲ软件中,点击"Tool—工具",选择"Communication—通信",出现如图 3.1.33 所示对话框。

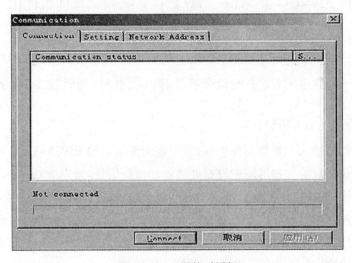

图 3.1.33 通信对话框

点击"Setting",选择接口——根据计算机串行口物理地址选择,如 COM1,如图 3.1.34 所示。

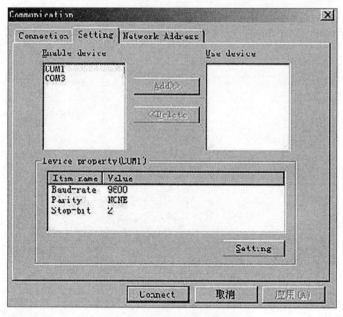

图 3.1.34　通信设置对话框

设定波特率、奇偶校验位、停止位数,如图 3.1.34 所示。

PC 和 CNC 侧均准备好后,点击"Connect—连接",PC 和 CNC 通信连接完成。

3.1.4　发那科 FANUC 0i Mate‑TD 数控系统调试及伺服优化

1) 数控车床参数调试

（1）启动准备

①当系统第一次通电时,需要进行全清处理,(上电时,同时按 MDI 面板上 RESET＋DEL)。

全清后一般会出现如下报警:

100 　　　 参数可输入　参数写保护打开(设定画面第一项 PWE＝1)。

506/507　硬超程报警　梯形图中没有处理硬件超程信号,设定 3004♯5OTH 可消除。

417　　　 伺服参数设定不正确,重新设定伺服参数　进行伺服参数初始化。

5136　　　FSSB 放大器数目少,放大器没有通电或者　如果需要系统不带电机调试时,把
　　　　　FSSB 没有连接,或者放大器之间连接不正　1023 设定为 1,屏蔽伺服电机。
　　　　　确,FSSB 设定没有完成或根本没有设定

②打开参数可写入

在操作面板上选择 MDI 方式或急停状态。

按下[OFS/SET]功能键,再按[设定]软键,可显示"设定"画面的第一页。

将光标移动到"写参数"处,按[操作]软键,进入下一级画面(见图 3.1.35)。

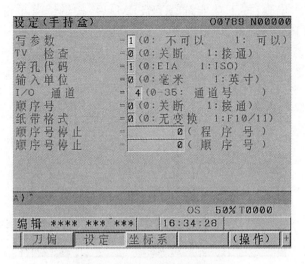

图3.1.35 写参数设定画面

按[ON:1]软键或输入1,再按[输入]软键,将"写参数"设定为1,此时参数处于可以写入状态,同时CNC产生"SW0100参数写入开关处于打开"报警,这时若同时按下[RESET]键和[CAN]键,可解除SW0100报警。

参数设定完毕,需要将"写参数"设置为0,即禁止参数设定,防止参数被无意更改。

③显示参数的操作

按MDI面板上的[SYSTEM]功能键一次,再按[参数]软键,选择参数画面,如图3.1.36所示。

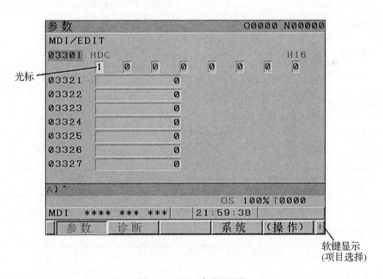

软键显示
(项目选择)

图3.1.36 参数画面

参数画面由多页组成,可用光标移动键或翻页键,寻找相应的参数画面,也可由键盘输入要显示的参数号,然后按下[号搜索]软键,显示指定参数所在的页面,此时光标位于指定参数的位置。

④检查参数,车床中8130应设定为2(一般车床为2,铣床3/4)。

(2)基本参数设定

系统基本参数设定可通过参数设定支援画面进行操作。

　　显示该画面的操作步骤：按下功能键[SYSTEM]后，按继续菜单键[＋]数次，显示软键[PRM设]，按下软键[PRM设]，出现参数设定支援画面（见图3.1.37）。

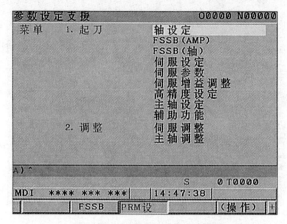

图 3.1.37　参数设定支援画面

　　启动项目中设定启动机床时所需的最低限度的参数。启动项目及其含义如表3.1.11所示。

表 3.1.11　启动项目及其含义

项目名称	项目含义
轴设定	设定轴、主轴、坐标、进给速度、加减速参数等 CNC 参数
FSSB(AMP)	显示 FSSB 放大器设定画面
FSSB(轴)	显示 FSSB 轴设定画面
伺服设定	显示伺服设定画面
伺服参数	设定伺服的电流控制、速度控制、位置控制、反间隙加速的 CNC 参数
伺服增益调整	自动调整速度环增益
高精度设定	设定伺服的时间常数、自动加减速的 CNC 参数
主轴设定	显示主轴设定画面
辅助功能	设定 DI/DO、串行主轴等的 CNC 参数
伺服调整	显示伺服调整画面
主轴调整	显示主轴调整画面

①标准值设定

通过软键[初始化]，可以在对象项目内所有参数中设定标准值。

注释：

◇初始化只可以执行如下项目：轴设定、伺服参数、高精度设定、辅助功能。

◇进行本操作时，为了确保安全，请在急停状态下进行。

◇标准值是 FANUC 建议使用的值，无法按照用户需要个别设定标准值。

◇本操作中，设定对象项目中所有的参数，但是也可以进行对象项目中各组的参数设定，或个别设定参数。

标准值设定操作步骤如下说明：

➢在参数设定支援界面上，将光标指向要进行初始化的项目。按下软键［操作］，显示如图 3.1.38 所示的软键［初始化］界面。

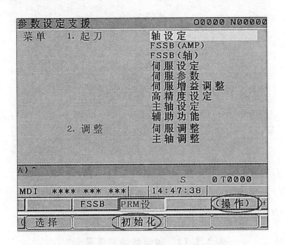

图 3.1.38　参数初始化界面

➢按下软键［初始化］。软键按如下方式切换，显示警告信息"是否设定初始值？"，如图 3.1.39 所示。

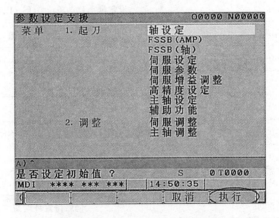

图 3.1.39　设定初值执行界面

➢按下软键［执行］，设定所选项目的标准值。通过本操作，自动地将所选项目中所包含的参数中提供标准值的所有参数设定为标准值。

➢不希望设定标准值时，按下软键［取消］，即可中止设定。另外，没有提供标准值的参数，不会被变更。

②没有标准值的参数设定

在参数设定界面上进行的标准值设定，有的参数尚未设定标准值，需手动地进行这些参数的设定。当输入参数号，按下软键［搜索号］时，光标就移动到所指定的参数处。或者在参数设定支援界面上，将光标指向［轴设定］，按下软键［操作］，再在图 3.1.40 所示界面中手动设置参数。

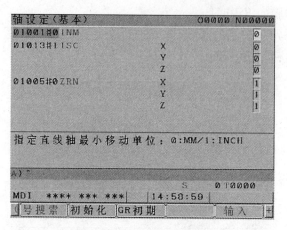

图 3.1.40 轴参数设定界面

设置完一项,再在操作面板上按[向下]键,依次往下移动,并进行参数值设定。

轴参数需要设置的值如表 3.1.12 所示。

表 3.1.12 轴参数设定值及含义

参 数	设定值	含 义
1001#0	X:0,Z:0	直线轴的最小移动单位为 0:公制系统(公制机床系统)1:英制系统
1013#1	X:0,Z:0	设定最小移动单位 0:IS-B,1:IS-C
1005#1	X:0,Z:0	无挡块参考点返回 0:无效,1:有效
1006#0	X:0,Z:0	直线轴或回转轴 0:直线轴,1:回转轴
1006#3	X:0,Z:0	各轴的移动指令为 0:半径指令,1:直径指令
1006#5	X:0,Z:0	手动返回参考点方向为 0:正方向,1:负方向
1815#1	X:0,Z:0	是否使用外置脉冲编码器 0:不使用,1:使用
1815#4	X:1,Z:0	机械位置和绝对位置检测器的位置对应 0:尚未结束,1:已经结束
1815#5	X:0,Z:0	位置检测器为 0:非绝对位置检测器,1:绝对位置检测器
1825	X:5000,Z:5000	伺服位置环增益
1826	X:100,Z:100	到位宽度
1828	X:5000,Z:5000	移动中位置偏差极限值
1829	X:500,Z:500	停止时位置偏差极限值
3716#0	0	主轴电机的种类为 0:模拟电机,1:串行主轴
1240	X:0,Z:50	第 1 参考点的机械坐标
1241	X:0,Z:0	第 2 参考点的机械坐标
1320	X:3000,Z:5000	存储行程检测 1 的正向边界的坐标值
1321	X:−1000,Z:−1000	存储行程检测 1 的负向边界的坐标值
1410	1000	空运行速度
1420	X:3000,Z:3000	快速移动速度

参数	设定值	含义
1421	X：−12,Z：0	快速移动速度倍率 F0 速度
1423	X：3000,Z：3000	JOG 进给速度
1424	X：4000,Z：1000	手动快速移动速度
1425	X：300,Z：300	返回参考点时的 FL 速度
1428	X：1000,Z：1000	返回参考点速度
1430	X：2000,Z：2000	最大切削进给速度
1610＃0	X：0,Z：0	切削进给、空运行的加减速为 0：指数函数型加减速,1：插补后直线加减速
1610＃4	X：1,Z：10	JOG 进给的加减速为 0：指数函数型加减速,1：与切削进给相同加减速
1620	X：100,Z：100	快速移动的直线型加减速时间常数
1622	X：50,Z：50	切削进给的加减速时间常数
1623	X：0,Z：0	切削进给插补后加减速的 FL 速度
1624	X：50,Z：50：	JOG 进给的加减速时间常数
1625	X：5,Z：5	JOG 进给的指数函数型加减速的 FL 速度

断开 NC 的电源,而后再接通。通过上述操作,手动设定的 NC 参数到此结束。

2）FSSB 的初始设定及伺服参数初始化

（1）FSSB 设定

①通过参数 No.1023 的设定进行默认的轴设定（见图 3.1.41）,车床轴号 1 对应 X 轴,2 对应 Z 轴。

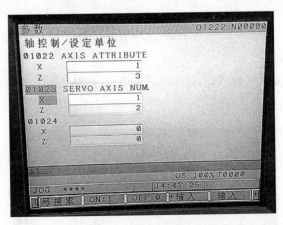

图 3.1.41 参数 1023 设定界面

②参数 1902＃0＝0。

③放大器设定

按下功能键[SYSTEM],按继续菜单键[+]数次,直到显示软键[FSSB],按下[FSSB],再按下[放大器],放大器设定界面如图 3.1.42 所示。此后的参数设定,就在该界面进行。

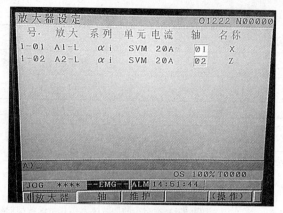

图 3.1.42 放大器设定界面

通过放大器设定界面,进行轴设定,系统初始会自动计算各放大器连接的被控轴(轴 1—X 轴和轴 2—Z 轴)。放大器上,按照离 CNC 由近到远的顺序赋予 $1,2,\cdots,10$ 的编号。

放大器界面上显示的项目如图 3.1.42 所示。

号:从控器装置号;

放大:放大器型式;

系列:伺服放大器系列;

单元:伺服放大器单元种类;

电流:最大电流值;

轴:控制轴号;

名称:控制轴名称。

在设定上述相关项目后,按下软键[(操作)],显示如图 3.1.43 界面,按下软键[设定]。

图 3.1.43 放大器设定软键

④轴设定

在[FSSB]界面后,按下软键[轴],显示轴设定界面如图 3.1.44 所示。此后的参数设定,就在该界面进行。

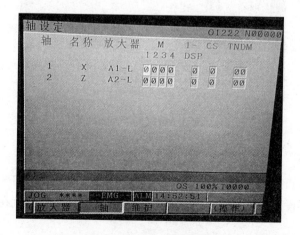

图 3.1.44 轴设定界面

轴设定界面上显示的项目有：

轴：控制轴号；

名称：控制轴名称；

放大器：连接在各轴上的放大器的类型；

M：用于分离式检测器接口单元的连接器号；

DSP：保持在 SRAM 上的一个 DSP 进行控制可能的轴数，"0"表示没有限制；

CS：CS 轮廓控制轴，显示保持在 SRAM 上的值。

在设定上述相关项目后，按下软键[(操作)]，显示图 3.1.45 所示界面，按下软键[设定]。

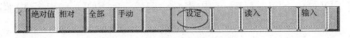

图 3.1.45　轴设定软键

⑤NC 重启动

通过以上操作执行自动计算，完成参数(No. 1023，No. 1905，No. 1936，No. 1937，No. 14340～14349，No. 14376～14391)的设定。此外，表示各参数的设定已经完成的参数 AES(No. 1902♯1)成为"1"，进行电源的 OFF/ON 操作时，按照各参数进行轴设定。

(2) 伺服的初始设定

进入参数设定支援界面，按下软键[(操作)]，将光标移动至"伺服设定"处，按下软键[选择]，出现伺服设定界面，如图 3.1.46 所示。此后的参数设定，就在该界面进行。

```
伺服设定                          O0002 N00100

                    X   轴        Y   轴
初始化设定位      00000010      00000010
电机代码.              256           256
AMR              00000000      00000000
指令倍乘比                2             2
柔性齿轮比                1             1
(N/M)      M          100           100
方向设定             -111           111
速度反馈脉冲数       8192          8192
位置反馈脉冲数      12500         12500
参考计数器容量      10000         10000



A)^

                                 S    0 T0000
RMT  **** *** ***   17:33:29
[ 菜 单 ][ 切 换 ]
```

图 3.1.46　伺服设定界面

①电机种类

0：标准电机(直线轴)，1：标准电机(旋转轴)。此车床为直线轴，设置为 0。

②标准参数读入

0：电源 OFF/ON 之后执行标准参数的读入，1：标准参数的读入已完成。基本参数刚开始设定时已读入标准参数，因此此处设置为 1。

③电机号码

αiS/βiS 系列伺服电机的电机号码随电机型号、图号以及驱动放大器的最大电流值不同而不同，其对应关系在调试手册中有表格列出，可查表，此车床选用电机号码为 258。

④电机名称

电机号码确定后，自动有对应的电机名称。

⑤检出单位(μm)

在 CNC 位置控制中使用的位置反馈的最小分解能，一般是命令单位/CMR。其中 CMR 是指令倍乘比,值一般是 2。

⑥齿轮比(N/M)

输入轴(电机一侧)转数为 M 时,输出轴(机械一侧)转数为 N。

⑦丝杠螺距

设定丝杠转动一圈的移动量。

⑧电机旋转方向

正向移动命令时从编码器一侧看电机,CW:顺时针旋转;CCW:逆时针旋转。

⑨外置编码器的连接

0:无;1:只有 SDU;2:SDU + 串行电路(×512);3:SDU + 串行电路(×2048);4:模拟 SDU。

参数设定完之后,断开 NC 的电源,而后再接通。至此,伺服的初始设定结束。

(3)伺服参数的初始设定

①在参数设定支援界面,按下软键[操作],将光标移动至"伺服参数"处,按下软键[选择],出现伺服参数设定界面,如图 3.1.47 所示。此后的参数设定,就在该界面进行。

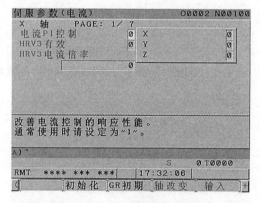

图 3.1.47　伺服参数设定界面

设置完一项,再在操作面板上按[向下]键,依次往下移动,并进行参数值设定。

②伺服参数一览,如表 3.1.13 所示。

表 3.1.13　伺服参数项目名及说明

组	项目名	参数号	简要说明	初始操作设定值
电流控制	电流 PI 控制	No. 2203♯2	改善电流控制的响应性,通常请在设定为"1"后使用。	1
	HRV3 有效	No. 2013♯0	0:HRV1 或 2;1:HRV3。直线电机等建议使用 HRV3	
	HRV3 电流倍率	No. 2334	HRV3 指令中的电流增益倍率(%)。通常请设定"150"左右	150

组	项目名	参数号	简要说明	初始操作设定值
速度控制	PI 控制	No. 2003	0：无效；1：有效	1
	高速比例项处理	No. 2017♯7	0：无效；1：有效	1
	最新速度 FB	No. 2006♯4	设定为"1"时，利用最新的 FB 数据	1
	停止时增益降低	No. 2016♯3	0：无效；1：有效	1
	停止判断等级	No. 2119	以检测单位设定停止判断等级，通常设定 2 μm 左右的值	
	速度积分增益	No. 2043	通常使用标准值	
	速度比例增益	No. 2044	通常使用标准值	
	速度增益	No. 2021	设定"100"左右	100
	扭矩指令过滤器	No. 2067	建议值为 1166(200 Hz)	1166
	切削快速进给 G 切换	No. 2202♯1	切削快速进给速度增益切换功能。通常设定为"1"以下使用	1
	切削用 G 倍率	No. 2017	建议值为 150 左右	150
	HRV3 速度 G 倍率	No. 2335	建议值为 200 左右	200
位置控制	位置增益	No. 1825	建议值为 5000	5000
	FF 有效	No. 2005♯1	0：无效；1：有效	M 系列：1 T 系列无标准值
	快速 FF 有效	No. 1800♯3	0：无效；1：有效	同上
	位置 FF 系数	No. 2092	通常设定为 10000(单位为 0.01%)	10000
	速度 FF 系数	No. 23069	通常设定 50 左右(单位为 1%)	50
	注：FF(Forward Feedback)前馈			
背隙加速	BL 补偿	No. 1851	背隙补偿量(检测单位)，请设为 0 以外的值	1
	全闭环 BL 补偿	No. 2006♯0	全闭环时不进行背隙补偿，全闭环时请设定为"1"	1
	BL 加速有效	No. 2003♯5	0：无效；1：有效	1
	BL 加速停	No. 2009♯7	0：无效；1：有效	1
	切削的 BL 加速 1	No. 2009♯6	0：无效；1：有效	1
	切削的 BL 加速 2	No. 2223♯7	0：无效；1：有效	1
	2 段 BL 加速	No. 2015♯6	0：无效；1：有效。为进行简单调试，请在设定为"0"下使用	0
	BL 加速量	No. 2048	从 50 左右起进行调试	50
	BL 加速停止量	No. 2082	请设定 5/检测单位(μm)	
	BL 加速时间	No. 2071	请设定 20	20
	BL(Backlash 背隙)			

3) PMC 程序调试

（1）存储卡格式 PMC 的转换

通过存储卡备份的 PMC 梯形图称之为存储卡格式的 PMC（Memory card format file）。由于其为机器语言格式，不能由计算机的 Ladder-Ⅲ直接识别和读取并进行修改和编辑，所以必须进行格式转换。同样，当在计算机上编辑好的 PMC 程序也不能直接存储到 M-CARD 上，必须通过格式转换，然后才能装载到 CNC 中。

在使用新系统时，需要转换 PMC 规格，这个步骤需要在计算机格式时完成，完整的流程为：M-CARD 格式→计算机格式→计算机格式（规格变更）→M-CARD 格式。

①M-CARD 格式→计算机格式（.LAD）

运行 LADDER Ⅲ软件，在该软件下新建一个类型与备份的 M-CARD 格式的 PMC 程序类型相同的空文件，如图 3.1.48 所示。

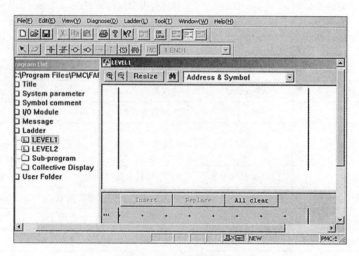

图 3.1.48　新建文件

选择 File 中的 Import（即导入 M-CARD 格式文件），软件会提示导入的源文件格式，选择 M-CARD 格式即可，如图 3.1.49 所示。

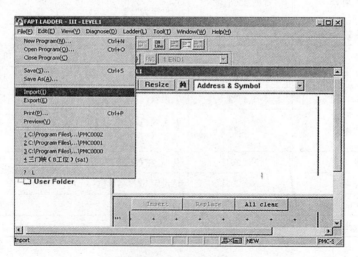

图 3.1.49　导入文件

执行下一步找到要进行转换的 M‐CARD 格式文件,按照软件提示的默认操作一步步执行即可将 M‐CARD 格式的 PMC 程序转换成计算机可直接识别的.LAD 格式文件,这样就可以在计算机上进行修改和编辑操作了,如图 3.1.50 所示。

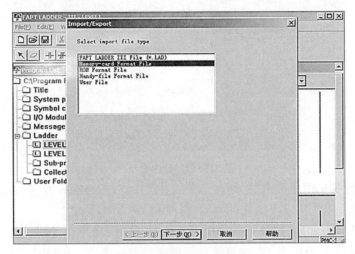

图 3.1.50　导入文件格式选择

②计算机格式(.LAD)→M‐CARD 格式

当把计算机格式(.LAD)的 PMC 转换成 M‐CARD 格式的文件后,可以将其存储到 M‐CARD 上,通过 M‐CARD 装载到 CNC 中,而不用通过外部通信工具(例如:RS‐232‐C 或网线)进行传输。

在 LADDER‐Ⅲ软件中打开要转换的 PMC 程序。先在 Tool 中选择 Compile 将该程序进行编译成机器语言(见图 3.1.51),如果没有提示错误,则编译成功,如果提示有错误,要退出修改后重新编译,然后保存,再选择 File 中的 Export(见图 3.1.52)。

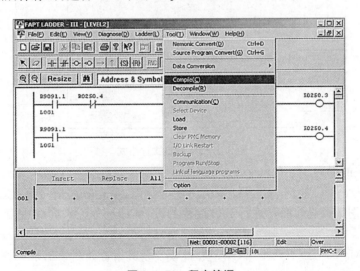

图 3.1.51　程序编译

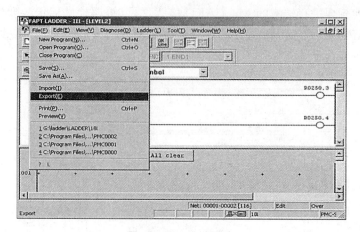

图 3.1.52　程序导出

注意：如果要在梯形图中加密码，则在编译的选项中点击，再输入两遍密码就可以了。在选择 Export 后，软件提示选择输出的文件类型，选择 M-CARD 格式。

确定 M-CARD 格式后，选择下一步指定文件名（见图 3.1.53），按照软件提示的默认操作即可得到转换了格式的 PMC 程序，注意该程序的图标是一个 WINDOWS 图标（即操作系统不能识别的文件格式，只有 FANUC 系统才能识别）。

转换好的 PMC 程序即可通过存储卡直接装载到 CNC 中。

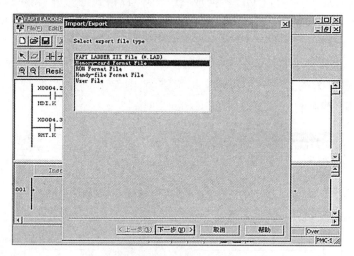

图 3.1.53　导出文件格式

（2）I/O 模块的设置

BEIJING-FANUC 0i Mate-TD 系统由于 I/O 点、手轮脉冲信号都连在 I/O Link 总线上，在 PMC 梯形图编辑之前都要进行 I/O 模块的设置（地址分配），同时也要考虑到手轮的连接位置。

FANUC 0i Mate-TD 有两个 I/O 模块，此模块及其设置如图 3.1.54～图 3.1.56 所示。

FANUC 0i Mate-TD 可选择的 I/O 模块有很多种，但是分配原则都是一样的。此处车床使用两个 I/O 模块。

可设置如下：第一块输入点 X 从 X7 开始，001/6，输出点 Y 从 Y0 开始，001/4；第二块带手轮接口输入点 X 从 X30 开始，101，OC02I，输出点 Y 从 Y6 开始 101/4。

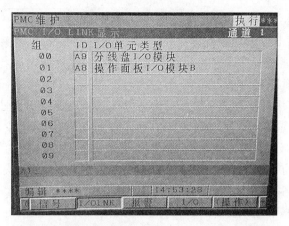

图 3.1.54 FANUC 0i Mate‑TD 的 I/O 模块

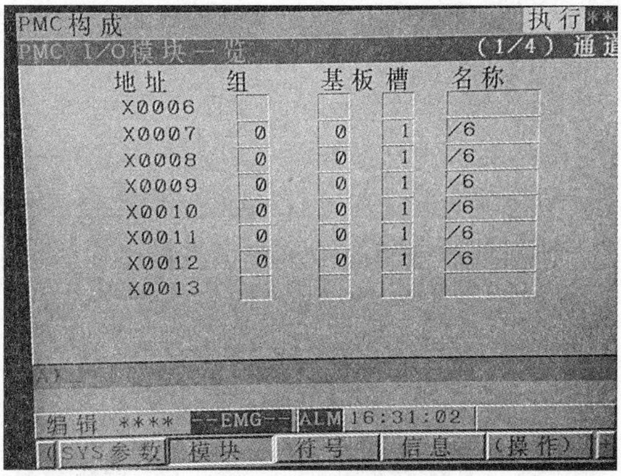

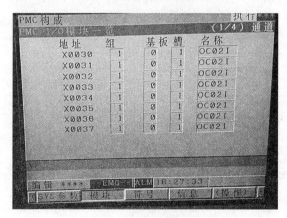

图 3.1.55 I/O 设置(1)

图 3.1.56 I/O 设置(2)

对于以上的设定,急停、减速、手轮信号都在第二个模块上。

说明:

➤点数 FANUC 的 I/O Link 总线由于系统的不同,点数也不同。0i MATE‑TD 为 256 点输入/256 点输出。

➤GBS(物理地址即硬件连接) 在进行模块分配的时候,首先要注意的是各 I/O 模块的物理连接(即实际的硬件连接):GROUP(组号)、BASE(基座号)、SLOT(插槽号)。一般来说,从系统的 I/O Link 接口出来默认的组号为第 0 组,一个 JD1A 连接 1 组。从第 0 组开始,组号顺序排列。基座号是在同一组内的分配,基座号从 0 开始。插槽号为同一基座内的分配,插槽号从 1 开始。一旦系统的 I/O 模块硬件连接固定,其分配时的 GBS 也就固定好了。在 PMC 中进行模块分配,其实就是要把硬件连接和软件上设定的地址统一(即物理点与软件点对应)。

➢模块分配(软件地址) 系统的 I/O 模块的分配很自由,但有一个规则,即连接手轮的模块必须为 16 个字节,且手轮连在离系统最近的一个 16 字节(OC02I)大小的 I/O 模块的 JA3 接口上。对于此 16 字节模块,Xm+0~Xm+11 用于输入点,即使实际上没有那么多输入点,但为了连接手轮也需如此分配。Xm+12~Xm+14 用于三个手轮的输入信号。

➢模块名称(分配的字节大小) OC02I 为模块的名字,表示该模块的大小为 16 个字节输入。OC02O 为模块的名字,表示该模块的大小为 16 个字节输出。OC01I 为模块的名字,表示该模块的大小为 12 个字节输入。OC01O 为模块的名字,表示该模块的大小为 8 个字节输出。不用模块名称,也可用下面的"/"和"数值"输入:/6 表示该模块有 6 个字节。/8 表示该模块有 8 个字节。

➢定义有效范围 原则上 I/O 模块的地址可以在规定范围内(即系统所容许的点数范围内)任意处定义,但是为了机床的梯形图的统一和便于管理,最好按照以上推荐的标准定义。注意:一旦定义了起始地址(m)该模块的内部地址就分配完毕。

➢保存/上电顺序 在模块地址分配完毕以后,要注意保存到 F - ROM,然后使机床断电再上电,分配的地址才能生效。同时要注意使模块优先于系统上电,否则系统在上电时无法检测到该模块。

(3) PMC 各个地址说明(见表 3.1.14)

表 3.1.14 信号表

X	机床给 PMC 的输入信号(MT→PMC)	X0~X127、X200~X327(注 1) X1000~X1127(注 1)
Y	PMC 输出给机床的信号(PMC→MT)	Y0~Y127、Y200~Y327(注 1) Y1000~Y1127(注 1)
F	NC 给 PMC 的输入信号(NC→PMC)	F0~F767(注 2)F10~F1767(注 2) F20~F2767(注 3)F30~F3767(注 2)
G	PMC 输出给 NC 的信号(PMC→NC)	G0~G767(注 2)、G10~G1767(注 3) G20~G2767(注 3)、G30~G3767(注 3)
R	内部继电器	R0~R7999、R9000~R9499(注 4)
E	外部继电器	E0~E7999(注 5)
A	信息显示请求信号	A0~A249
	信息显示状态信号	A9000~A9249(注 6)
C	计数器	C0~C399、C5000~C5199(注 7)
K	保持继电器	K0~K99、K900~K919(注 8)
T	可变定时器	T0~T499、T9000~T9499(注 9)

注:①PMC 预留,不能分配该区域,不能用于 PMC 程序;
②PMC 预留,实际可用地址取决于 CNC 规格;
③PMC 预留,不能用于 PMC 程序;

④PMC 系统程序管理的特殊区域,慎用;

⑤一般不要使用;

⑥信息显示状态信号,与信息显示请求信号对应,不能写入;

⑦用于固定计数器(CTRB),定义为一个常数;

⑧PMC 系统程序管理的特殊区域,慎用;

⑨PMC 预留,不能用于 PMC 程序。

(4) 操作变更

FANUC 0i Mate - TD 系统的 PMC 操作菜单树形图,如图 3.1.57 所示。

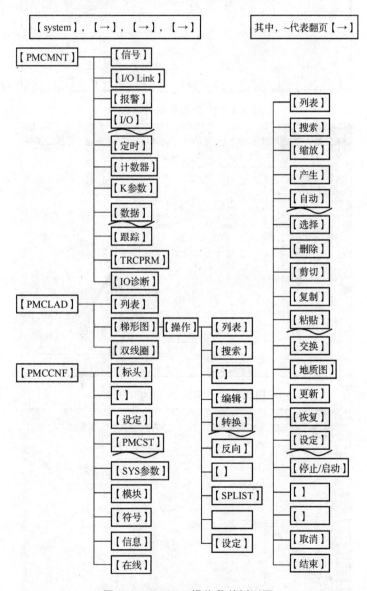

图 3.1.57　PMC 操作菜单树形图

①[PMCST]PMC 状态:显示 PMC 当前状态。

②[双线圈]:双线圈菜单是用来方便地检查梯形图编写中出现的重复地址错误。这种错误如果是因为整个程序段复制了一遍则影响不大,否则可能会导致该信号输出不定,产生不期望的逻辑错误,如图 3.1.58～图 3.1.60 中的信号 R21.0。

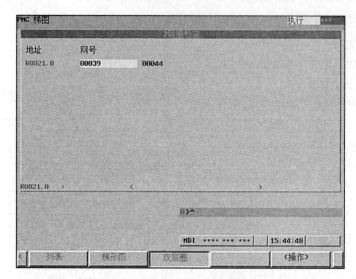

图 3.1.58　双线圈信号 R21.0

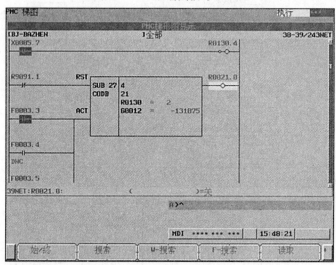

图 3.1.59　网络 39 中的 R21.0

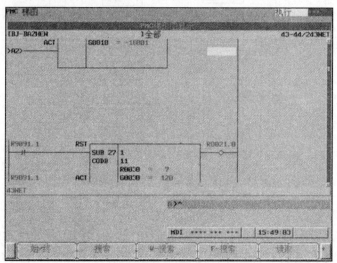

图 3.1.60　网络 44 中的 R21.0

③两个设定画面

在[梯形图]的[操作]子菜单里的[设定]是为梯形图显示设定;另一个在[操作]子菜单[编辑]的子菜单里的[设定]是为梯形图编辑设定。很相似,但有区别,如图 3.1.61、图 3.1.62 所示。

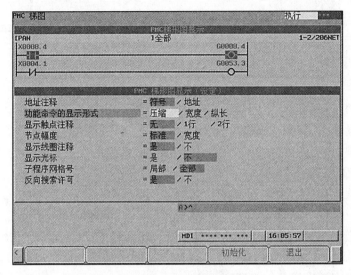

图 3.1.61　梯形图显示设定

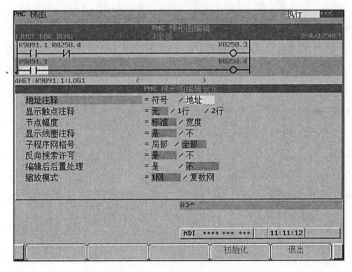

图 3.1.62　梯形图编辑设定

4)伺服优化

在完成系统的硬件连接,并正确地进行基本参数、FSSB、主轴以及基本伺服参数的初始化设定后,系统即能够正常的工作了。为了更好地发挥控制系统的性能,提高加工的速度和精度,还要根据车床的机械特性和加工要求进行伺服参数的优化调整。

(1)伺服优化的对象

从图 3.1.63 我们可以看出:系统从里至外分为"电流控制(电流环)"、"速度控制(速度环)"、"位置控制(位置环)"。那么伺服调试的第一重要方面就是三个环在高响应、高刚性下的"和谐"工作,即:合理提高伺服的增益,又必须保证伺服系统不出现振荡。另一个方面,伺服的加减速也需要根据实际机械进行调整,保证最合理的加减速,实现伺服的高速、高精度。

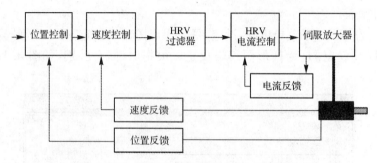

图 3.1.63　FANUC 系统的伺服控制原理框图

由此引出伺服优化的两个方面：

伺服三个环的调整：保证在高响应、高刚性下稳定工作。

加减速的调整：包括切削（插补前、插补后切削时间常数）、快速时间常数。

（2）伺服优化的方法

对于以上伺服优化的两个方面，分别可以采用手动一键设定 ONE SHOT、自动调整导航器、软件调整。

手动一键设定 ONE SHOT：主要是利用系统参数设定支持页面，调用已经集成到系统内部的参数，该参数为 FANUC 工程师根据现场经验总结的相关高速高精度参数，大部分的数控机床按此设定都可以大幅度提高加工精度。

伺服软件自动调整导航器：在 SERVO GUIDE 调试软件，利用调整导航器进行在线调整，SERVO GUIDE 从 CNC 获取波形进行分析，自动确定最佳参数，最大程度减少调试人员对于伺服功能的理解，通过自动调整，可以很快取得和机械特性相关的最优化参数。

伺服软件 SERVO GUIDE 手动调整：利用伺服调试软件，按照伺服控制环节、加减速等进行一一优化，测试波形，独立分析，人为确认最优参数设定，该方法要求调试人员对于伺服功能、相关加减速等有较清晰的理解。

（3）手动一键设定 ONE SHOT

在没有伺服调试软件的情况下，且对于高速高精度相关参数不熟悉时，利用系统参数设定支援画面，进行 ONE SHOT 功能一键设定，由 FANUC 经验丰富的技术人员总结的高速、高精度参数集成到系统，只要按两次软键就可以完成所有相关参数的设定。本文我们介绍 ONE SHOT 伺服优化方法，对于利用伺服软件 SERVO GUIDE 进行伺服优化的方法可参阅 BEIJING - FANUC 0iD/0i - Mate D 简明联机调试手册。

①手动加入滤波器的方法

如果在参数的自动设定后，伺服轴出现振动，可以采用以下方法手动进行共振点的去除。

手动加入滤波器的方法是手动将如下参数设定为初始值。

No2360:300——机床高频共振点，预估 300 Hz；

No2361:80——带宽；

No2362:10——阻尼。

在初始振动点 300 的基础上，JOG 方式移动该轴，如果仍有振动，则将 No2360 每次加 50 设定，再次重新进行上述测试，直至轴运行稳定为止。

注：供系统使用的滤波器共有 4 组，如果系统存在多个共振点时，需要组合使用滤波器时，可以使用余下的三组，其对应参数如下：

（No2113,No2177,No2359）、（No2363,No2364,No2365）、（No2366,No2367,No2368）。

②伺服增益的自动调整

在消除振动后,利用系统伺服增益调整功能,完成伺服电机增益的自动调整,进一步提高伺服增益。

在参数设定支援画面中,选伺服增益调整。点击[操作]软键,进入伺服增益调整界面,如图 3.1.64 所示。

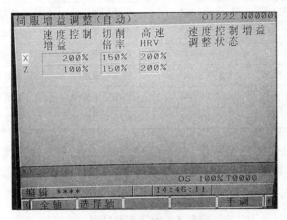

图 3.1.64　伺服增益调整界面

然后依次按软键[全轴]、[全执行]进行伺服增益调整,直到调整自动结束。

③典型加工形状的测试

以圆弧的加工对比为例,如图 3.1.65 所示。

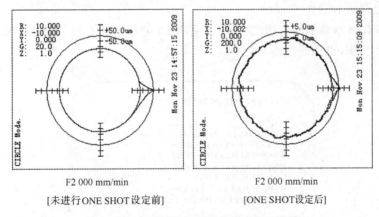

F2 000 mm/min	F2 000 mm/min
[未进行 ONE SHOT 设定前]	[ONE SHOT 设定后]

图 3.1.65　伺服优化前后的圆弧加工曲线

通过上述系统的参数设定界面,即可简单、快速地完成伺服参数优化和设定。

5) 数据备份

在车床所有参数调整完成后,需要对出厂参数等数据进行备份,并存档,用于万一车床出故障时的数据恢复。

(1) CNC 数据类型

CNC 中保存的数据类型和保存方式如表 3.1.15 所示。

表 3.1.15　CNC 数据类型和保存方式

数据类型	保存在	来源	备注
CNC 参数	SRAM	机床厂家提供	必须保存
PMC 参数	SRAM	机床厂家提供	必须保存
梯形图程序	FROM	机床厂家提供	必须保存
螺距误差补偿	SRAM	机床厂家提供	必须保存
加工程序	SRAM	最终用户提供	根据需要保存
宏程序	SRAM	机床厂家提供	必须保存
宏编译程序	FROM	机床厂家提供	如果有保存
C 执行程序	FROM	机床厂家提供	如果有保存
系统文件	FROM	FANUC 提供	不需要保存

注:FANUC 系统文件不需要备份,也不能轻易删除,因为有些系统文件一旦删除了,再原样恢复也会出现系统报警而导致系统停机而不能使用,请一定小心,不要轻易删除系统文件。

(2) 参数设定(见表 3.1.16)

表 3.1.16　参数设定

参数号	设定值	说明
20	4	使用存储卡作为输入/输出设备

(3) SRAM 数据备份

①正确插上存储卡。

②开机前按住显示器下面右边两个键(或者 MDI 的数字键 6 和 7),直到如图 3.1.66 所示 BOOT 画面显示出来,再松开按键。

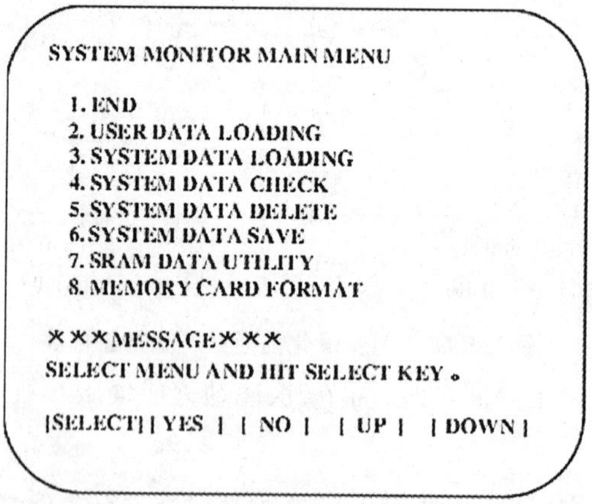

```
SYSTEM MONITOR MAIN MENU

1. END
2. USER DATA LOADING
3. SYSTEM DATA LOADING
4. SYSTEM DATA CHECK
5. SYSTEM DATA DELETE
6. SYSTEM DATA SAVE
7. SRAM DATA UTILITY
8. MEMORY CARD FORMAT

***MESSAGE***
SELECT MENU AND HIT SELECT KEY。

[SELECT] [ YES ] [ NO ] [ UP ] [ DOWN ]
```

图 3.1.66　BOOT 画面

③按下软键"UP"或"DOWN",把光标移动到"7. SRAM DATA UTILITY"。

④按下"SELECT"键。显示如图 3.1.67 所示的 SRAM DATA UTILITY 画面。

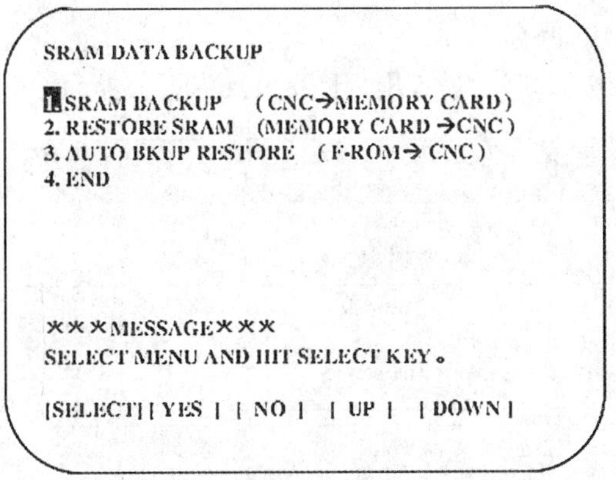

SRAM DATA BACKUP

1. SRAM BACKUP   (CNC→MEMORY CARD)
2. RESTORE SRAM   (MEMORY CARD→CNC)
3. AUTO BKUP RESTORE   (F-ROM→CNC)
4. END

MESSAGE
SELECT MENU AND HIT SELECT KEY。

[SELECT] [YES] [NO] [UP] [DOWN]

图 3.1.67　SRAM DATA UTILITY 画面

⑤按下软键"UP"或"DOWN",进行功能的选择。

使用存储卡备份数据:SRAM BACKUP;向 SRAM 恢复数据:RESTORE SRAM;自动备份数据的恢复:AUTO BKUP RESTORE。

⑥按下软键"SELECT"。

⑦按下软键"YES",执行数据的备份和恢复。

⑧执行"SRAM BUCKUP"时,如果在存储卡上已经有了同名的文件,会询问"OVER WRITE OK?",可以覆盖时,按下"YES"键继续操作。

⑨执行结束后,显示"…COMPLETE. HIT SELECT KEY"信息。按下"SELECT"软键,返回主菜单。

（4）系统数据的分别备份

上述 SRAM 数据备份后,还需要进入系统后,分别备份系统数据,如参数等。

①系统参数

解除急停;在机床操作面板上选择方式为 EDIT(编辑);依次按下功能键、软键,出现如图 3.1.68 所示的参数界面。

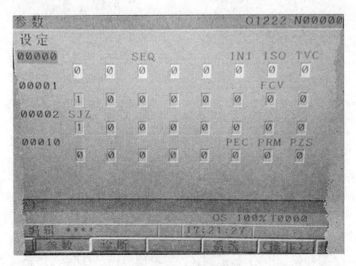

图 3.1.68　参数界面

依次按下软键[操作]、[文件输出]、[全部]、[执行],CNC 参数被输出。输出文件名为

"CNC - PARA. TXT"。

②PMC 程序(梯形图)的保存。

进入 PMC 界面以后,按软键[I/O],出现图 3.1.69 所示界面。

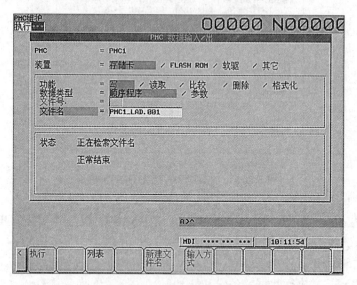

图 3.1.69　PMC 程序保存图

按照图 3.1.69 设定每项,按[执行],则 PMC 梯形图按照"PMC1_LAD.001"名称保存到存储卡上。

③PMC 参数保存。

进入 PMC 界面以后,按软键[I/O],出现图 3.1.70 所示界面。

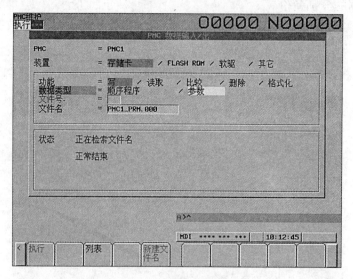

图 3.1.70　PMC 参数保存图

按照图 3.1.70 设定每项,按[执行],则 PMC 参数按照"PMC1_PRM.000"名称保存到存储卡上。

④螺距误差补偿量的保存

依次按下功能键██和软键██,显示螺距误差补偿界面(见图 3.1.71)。

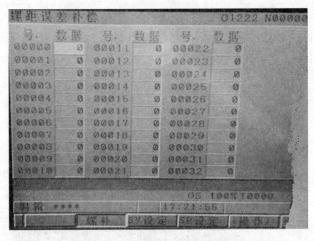

图 3.1.71 螺距误差补偿界面

依次按下 [操作][文件输出][执行]，输出螺距误差补偿量，输出文件名为"PITCH. TXT"。

⑤其他如刀具补偿、用户宏程序（换刀用等），宏变量等也需要保存，操作步骤基本和上述相同，都是在编辑方式下，相应的界面下，按软键[操作]、[输出]、[执行]即可。

3.2 综合实训项目4——加工中心

发那科 FANUC 0i Mate - MC 数控系统是一款面向全球市场的、以面向标准数控车床和铣床为主的中档数控系统解决方案。在本节中，将针对该系统在加工中心上基本配置情况及主要部件的组成进行介绍，从加工中心设计的角度出发，展开对发那科 FANUC 0i Mate - MC 数控系统的应用研究，主要包含发那科 FANUC 0i Mate - MC 数控系统的硬件连接、伺服驱动调试、PMC 程序编写、参数设置和数据备份五部分内容。

3.2.1 实训目的与要求

1）实训目的

（1）熟悉发那科 FANUC 0i Mate - MC 数控系统的硬件组成及连接；

（2）掌握发那科 FANUC 0i Mate - MC 数控系统参数设置及调试方法；

（3）熟悉发那科 FANUC 0i Mate - MC 数控系统 PMC 调试的步骤；

（4）掌握发那科 FANUC 0i Mate - MC 数控系统数据备份和恢复方法。

2）实训要求

（1）按照电气设计图纸完成发那科 FANUC 0i Mate - MC 数控系统、操作面板、I/O 板、伺服电机等的硬件连接；

（2）使用 FAPT LADDER - Ⅲ软件，建立 PC 与 CNC 之间的连接，进行 PMC 程序的上载与下载，并对 I/O 状态进行监控；

（3）进行发那科 FANUC 0i Mate - MC 数控系统调试，包括轴基本参数、伺服参数和 PMC 调试；

（4）完成发那科 FANUC 0i Mate - MC 数控系统数据备份。

3.2.2 发那科 FANUC 0i Mate - MC 数控系统硬件组成与连接

本实训项目中加工中心主体由 XK500 铣床配十六工位盘式刀库构成，使用 FANUC 0i -

Mate－MC数控系统,如图3.2.1所示。与数控系统配套使用硬件包括:一体型伺服放大器βi SVSP,进给轴伺服电机FANUC βiS 12/2000,主轴电机FANUC βiI 8/10000,I/O单元A02B－0309－D001等。下面具体介绍各组成部分的硬件连接方式。

图3.2.1　FANUC 0i－Mate－MC加工中心实训平台

1）数控系统的硬件连接

FANUC 0i C/0i－Mate－C包括加工中心/铣床用的0i MC/0i－Mate－MC和车床用的0i TC/0i－Mate－TC,各系统的一般配置如表3.2.1所示。对于0i Mate－C系统,如果不带主轴电机,使用单轴型βiS系列伺服放大器,如果带主轴电机,使用一体型放大器。

表3.2.1　FANUC 0i C/0i－Mate－C系统一般配置表

系统型号		机床类型	放大器	电机
0i C最多4轴	0i MC	加工中心、铣床	αi系列放大器	αi,αiS系列
	0i TC	车床	αi系列放大器	αi,αiS系列
0i Mate－C最多3轴	0i Mate－MC	加工中心、铣床	βi系列放大器	βi,βiS系列
	0i Mate－TC	车床	βi系列放大器	βi,βiS系列

FANUC 0i－Mate－MC是发那科公司开发的一款针对加工中心和铣床的经济型数控系统,其系统结构与FANUC 0i－MC基本相同,只是缩减了后者的部分功能,但价格也相应降低。FANUC 0i－Mate－MC数控系统与硬件设备之间的基本电缆连接如图3.2.2所示。

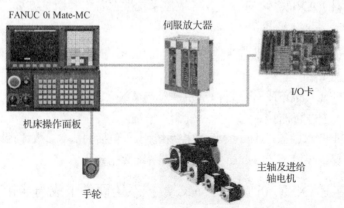

图3.2.2　基本电缆连接图

FANUC 0i-Mate-MC 系统的正面如图 3.2.3 所示,背面接口如图 3.2.4 所示,具体接口及用途如表 3.2.2 所示。

图 3.2.3 FANUC 0i-Mate-MC 系统的正面图

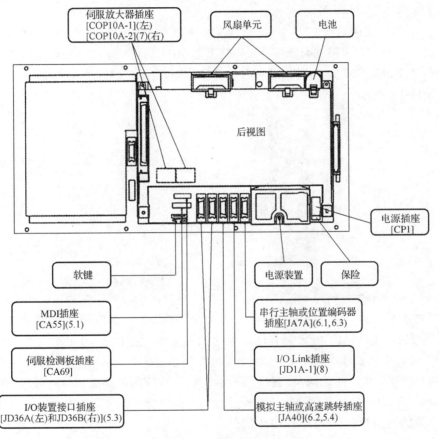

图 3.2.4 数控系统接口图

表 3.2.2 连接口及其用途

连接器号	用途	连接器号	用途
COP10A	伺服放大器(FSSB)	CP1	DC24V-IN
CA55	MDI	JD1A	I/O Link
JD36A	RS-232-C 串行端口 1	CA69	伺服检测板
JD36B	RS-232-C 串行端口 2	JA7A	串行主轴/位置编码器
JA40	模拟主轴/高速 DI		

数控系统硬件连接中需要注意:

(1) FSSB 光缆一般接左边插口;

（2）风扇、电池、软件、MDI 一般都已经连接好，不要改动；

（3）伺服检测［CA69］不需要连接；

（4）电源线可能有两个插头，一个为＋24 V 输入（左），另一个为＋24 V 输出（右）。具体接线为（1—24 V、2—0 V、3—地线）；

（5）RS232 接口是和电脑接口的连接线，一般接左边（如果不和电脑连接，可不接此线）；

（6）串行主轴/编码器的连接，如果使用 FANUC 的主轴放大器，这个接口是连接放大器的指令线，如果主轴使用变频器（指令线由 JA40 模拟主轴接口连接），则这里连接主轴位置编码器（车床一般都要接编码器，如果是 FANUC 的主轴放大器，则编码器连接到主轴放大器的 JYA3）；

（7）对于 I/O Link［JD1A］是连接到 I/O 模块或机床操作面板的，必须连接。

2）伺服放大器的连接

本项目使用的伺服放大器是 FANUC 公司 βi 系列，带主轴的 SVSP 一体型放大器，如图 3.2.5 所示。βi 系列伺服放大器是一款经济型驱动产品，可用于普及型数控机床的基本坐标轴控制或高性能机床的机械手、传送装置等辅助轴控制，由于产品性价比较高，故在中低档数控机床上应用较广。

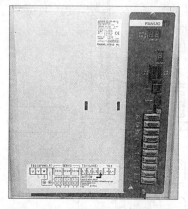

图 3.2.5　βi SVSP 伺服放大器

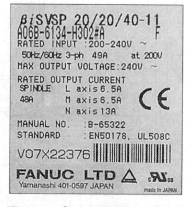

图 3.2.6　βi SVSP 伺服放大器铭牌

根据伺服放大器的结构，βi 系列有伺服驱动和伺服轴/主轴一体型驱动两类。伺服驱动有单轴、2 轴两种，其电源、驱动模块合一，驱动器可以独立安装。伺服/主轴一体型放大器有伺服 2 轴＋主轴和伺服 3 轴＋主轴两类，其伺服、主轴、电源等控制电路为一体化设计，驱动器为整体安装。伺服轴/主轴一体型 SVSP 伺服放大器具有以下特点：

（1）平滑的进给和机身设计紧凑的伺服电动机；

（2）高分辨率的脉冲编码器；

（3）机身设计紧凑、基本性能卓越的主轴电动机；

（4）实现"伺服 3 轴＋主轴 1 轴"或者"伺服 2 轴＋主轴 1 轴"一体化设计的伺服放大器；

（5）具有最新的伺服、主轴控制和伺服调试工具。

选择 SVSP 伺服放大器时，一般通过所选择的伺服电动机和主轴电动机型号来确定。选定了进给和主轴电动机，就可以通过手册查到对应的放大器型号。本项目中 βi SVSP 伺服放大器的铭牌如图 3.2.6 所示。伺服放大器额定输入电压为 200～240 V，X、Y 轴最大输出电流为 20 A，Z 轴最大输出电流为 40 A，主轴最大输出功率为 11 kW。X、Y 轴额定输出电流为 6.5 A，Z 轴为 13 A，主轴额定输出电流为 49 A。

伺服放大器的连接如图 3.2.7 所示，CZ2L、CZ2M、CZ2N 为三个伺服电机的动力线接口，TB2 为主轴电机的动力线接口。COP10B 为 FSSB 光缆接口连接系统的 COP10A，JA7B 与系统 JA7A 连接传递主轴信号。JF1～JF3 为三个伺服电机脉冲编码器的接口,JYA2 为主轴电机编码器的接口。CX3 为伺服装置内 MCC 动作确认接口,可用于伺服单元主电路接触器的控制。CX4 为伺服紧急停止信号输入端,用于机床面板的急停开关。

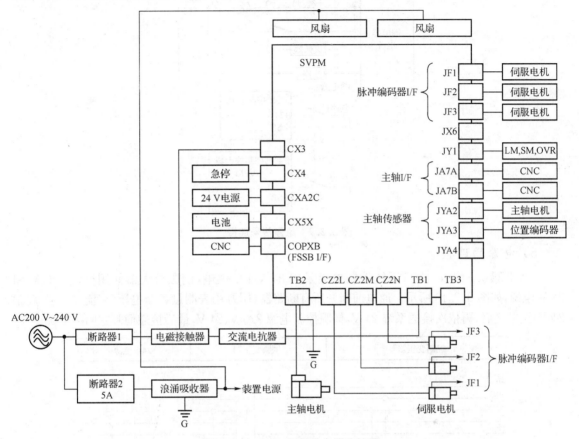

图 3.2.7 SVSP 伺服放大器连接图

3) I/O 单元的连接

本项目中 I/O 单元有 96 个通用输入点、64 个输出点和 1 个手轮接口,与数控系统通过 I/O Link 连接,连接方式如图 3.2.8 所示。

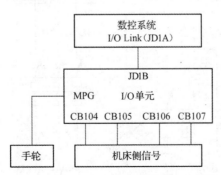

图 3.2.8 I/O 单元与数控系统的连接

4) 急停的连接

急停信号可使机床进入紧急停止状态,该信号输入至 CNC 控制器、伺服放大器以及主轴放大器。急停信号连接如图 3.2.9 所示,急停按钮与 X 轴、Y 轴和 Z 轴的正负限位开关串联。急停继电器的第一个触点接到 NC 的急停输入(X8.4),第二个触点接到放大器的 CX4 接口。需注意的是所有的急停只能接触点,不能接 24 V 电源。

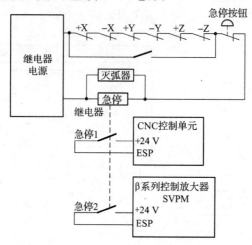

图 3.2.9　急停信号连接

5) 电源的连接

FANUC 0i-Mate-MC 系统控制单元采用 24 V DC 供电,伺服放大器使用交流 220 V 和 24 V 电源,如图 3.2.10 所示。通电前断开所有断路器,用万用表测量各个电压(交流 220 V,直流 24 V)正常之后,再依次接通系统 24 V,伺服控制电源 220 V、24 V,最后接通伺服主回路电源。

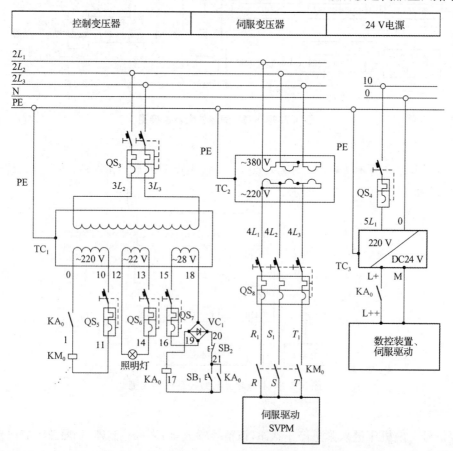

图 3.2.10　电源连接

3.2.3 发那科 FANUC 0i Mate-MC 数控系统参数设置及调试

完成系统连接并通电运行后,首先必须进行基本伺服参数的设定。如果是全闭环,必须先按半闭环设定,半闭环设定正常后,再设定全闭环参数,重新进行调整。伺服参数设置完成后,还需要设定其他参数,如运行速度、到位宽度、软限位等。

1) 进给轴伺服参数初始化

为了进行伺服参数的初始化设定,首先要确认以下信息:(1) NC 的机型名称;(2) 伺服电机的型号名称;(3) 电机内置的脉冲编码器的种类;(4) 分离式位置检测器的有无;(5) 电机每转动 1 圈的机床移动量;(6) 机床的检测单元;(7) NC 的指令单位。

其次,在急停状态下,接通数控系统电源,将参数 3111#0 设定为 1 显示伺服设定和调整画面。按照[SYSTEM]→[▶]→[SV-PRM]的操作进入伺服设定画面,使用光标、翻页键,输入初始设定时必要的参数。

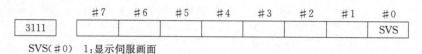

SVS(#0) 1:显示伺服画面

伺服参数具体设定过程如下:

(1) 电机种类 0:标准电机(直线轴),1:标准电机(旋转轴),此处 X 轴为直线轴,故设置为 0。

(2) 标准参数载入 0:电源 OFF/ON 之后执行标准参数的读入,1:标准参数的读入已完成。由于开始设定时已读入标准参数,因此此处设置为 1。

(3) 电机代码 000~150:HRV1 α,β,LINEAR;151~250:HRV1 αi,βi;251~350:HRV2 αi,βi。本项目中 X 轴伺服电机型号为 βiS 12/2000 查伺服参数手册(见表 3.2.3 所示),电机代码为 269。

表 3.2.3　βiS 系列伺服电机(FS0i 专用)参数

电机型号	电机图号	驱动放大器	电机号		90B5
			HRV1	HRV2	
βiS 2/4000	0061-B□□6	20A	206	306	D
		40A	210	310	D
βiS 4/4000	0063-B□□6	20A	211	311	D
		40A	212	312	D
βiS 8/3000	0075-B□□6	20A	183	283	D
		40A	194	294	D
βiS 12/2000	0077-B□□6	20A	198	298	D
βiS 22/1500	0084-B□□6	20A	202	302	D
		40A	205	305	D

X 轴伺服设定的其余参数与 3.1 节中数控车床伺服参数的设定方法一致。Y 轴、Z 轴的伺服设定可以通过伺服设定页面中[操作]→[▶]→[轴变更]进行切换。由于本项目中三个进给轴所选用电机型号相同,伺服参数的初始值也都相同。

最后,设定完之后,断开 NC 的电源,而后再接通。至此,伺服的初始设定结束。

2）伺服 FSSB 设定

FANUC 伺服放大器通过串行伺服总线 FSSB 光缆与 CNC 控制单元连接，需要设定参数 PRM1023、1095、1910 - 1919、1036、1937，驱动器才能正常工作。伺服 FSSB 有手动设置和自动设置之分，由 PRM1902♯0 的值决定。手动方式下（PRM1902♯0＝1），上述参数需要手工设定；自动方式下（PRM1902♯0＝0），在放大器设定页面和轴设定页面设定放大器和轴的信息，上述参数的值自动设定。

按照[SYSTEM]→[▶]→[FSSB]的操作，进入放大器设定页面（见图 3.2.11）。按下软键 [轴]，进入轴设定页面（见图 3.2.12）。设定完成后，关机重启，设定参数生效。

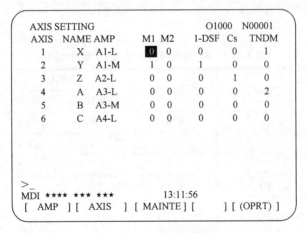

图 3.2.11　放大器设定页面

图 3.2.12　轴设定页面

3）伺服调整

伺服调整页面中的参数，对机床性能有重要影响，必须仔细调整。伺服调整页面通过 [SYSTEM]→[▶]→[SV - PRM]→[SV. TUN]进入，如图 3.2.13 所示。X 轴、Y 轴、Z 轴的伺服调整参数的切换可通过[操作]中轴变更来实现。

```
┌─────────────────────────────────────────────────────┐
│ 伺服调整                            01234 N12345        │
│ X轴                                                    │
│        (参数)                          (监视)          │
│ 功能位          00000000    报警1      00000000        │
│ 环增益            3000      报警2      00000000        │
│ 调整开始位          0       报警3      10000000        │
│ 设定周期           50       报警4      00000000        │
│ 积分增益          113       报警5      00000000        │
│ 比例增益        -1015       回路增益      2999         │
│ 滤波器             0        位置偏差      556          │
│ 速度增益          125       实际电流%      10          │
│                             实际速度 RPM    100        │
│                                                        │
│ [SV设定] [SV调整]  [      ] [      ] [(操作)]          │
└─────────────────────────────────────────────────────┘
```

图 3.2.13 伺服调整页面

设定伺服调整页面的参数时,首先将功能位 PRM2003♯3(PI)设定为 1,位置环增益 PRM1825 设定为 3000,比例、积分增益保持不变,速度环增益从 200 增加,每增加 100 后,用 JOG 方式分别以慢速和最快速移动坐标,看是否振动。或观察伺服波形(TCMD);检查是否平滑。调整原则是:尽量提高设定值,但调整的最终结果要保证手动快速、手动慢速、进给等各种情况都不能有振动。

伺服调整页面右侧的报警信号,指示了伺服系统的工作状态,报警号 1~5 对应诊断号 200~204,可以根据诊断号对应的功能找出具体的故障原因。

4) 主轴伺服参数设定

本项目采用一体型伺服放大器,需对主轴的伺服参数进行设定,按照[SYSTEM]→[▶]→ [SP - PRM],进入主轴设定界面。由于主轴电机为 FANUC βiI 8/10000,其对应的型号代码为 341,额定输出功率为 7.5 kW,最高转速为 10 000 r/min。

5) 其他参数的设定

除了伺服参数外,其他参数可参照表 3.2.4 常用参数表设定。

表 3.2.4 常用参数表

参数含义	FS - 0i MA/MB FS - 0i - Mate - MB FS - 16/18/21M FS - 16i/18i/21M	FS - 0iTA/TB FS - 0i - Mate - TB FS - 16/18/21T FS - 16i/18i/21T PM - O	备注(一般设定值)
程序输出格式为 ISO 代码	0000♯1	0000♯1	1
数据传输波特率	103,113	103,113	10
I/O 通道	20	20	0 为 232 口,4 为存储卡
用存储卡 DNC	138♯7	138	1 可选 DNC 文件
未回零执行自动运行	1005♯0	1005♯0	调试时为 1
直线轴/旋转轴	1006♯0	1006♯0	旋转轴为 1
半径编程/直径编程		1006♯3	车床的 X 轴
参考点返回方向	1006♯5	1006♯5	0:+,1:-
轴名称	1020	1020	88(X),89(Y),90(Z), 65(A),66(B),67(C)

参数含义	FS-0i MA/MB FS-0i-Mate-MB FS-16/18/21M FS-16i/18i/21M	FS-0iTA/TB FS-0i-Mate-TB FS-16/18/21T FS-16i/18i/21T PM-O	备注(一般设定值)
轴属性	1022	1022	1,2,3
轴连接顺序	1023	1023	1,2,3
存储行程限位正极限	1320	1320	调试为 99999999
存储行程限位负极限	1321	1321	调试为 99999999
未回零执行手动快速	1401♯0	1401♯0	调试为 1
空运行速度	1410	1410	1000 左右
各轴快移速度	1420	1420	8000 左右
最大切削进给速度	1422	1422	8000 左右
各轴手动速度	1423	1423	4000 左右
各轴手动快移速度	1424	1424	可为 0,同 1420
各轴返回参考点 FL 速度	1425	1425	300~400
快移时间常数	1620	1620	50~200
切削时间常数	1622	1622	50~200
JOG 时间常数	1624	1624	50~200
分离型位置检测器	1815♯1	1815♯1	全闭环 1
电机绝对编码器	1815♯5	1815♯5	伺服带电池 1
各轴位置环增益	1825	1825	3000
各轴到位宽度	1826	1826	20~100
各轴移动位置偏差极限	1828	1828	调试 10000
各轴停止位置偏差极限	1829	1829	200
各轴反向间隙	1851	1851	测量
P-I 控制方式	2003♯3	2003♯3	1
单脉冲消除功能	2003♯4	2003♯4	停止时微小震动设 1
虚拟串行反馈功能	2009♯0	2009♯0	如果不带电机 1
电机代码	2020	2020	查表
负载惯量比	2021	2021	200 左右
电机旋转方向	2022	2022	111 或－111
速度反馈脉冲数	2023	2023	8192
位置反馈脉冲数	2024	2024	半 12500,全(电机一转时走的微米数)
柔性进给传动比(分子)N	2084,2085	2084,2085	转动比,计算
互锁信号无效	3003♯0	3003♯0	*IT(G8.0)
各轴互锁信号无效	3003♯2	3003♯2	*ITX-*IT4(G130)
各轴方向互锁信号无效	3003♯3	3003♯2	*ITX-*IT4(G132,G134)
减速信号极性	3003♯5	3003♯5	行程(常闭)开关 0 接近(常开)开关 1

参数含义	FS-0i MA/MB FS-0i-Mate-MB FS-16/18/21M FS-16i/18i/21M	FS-0iTA/TB FS-0i-Mate-TB FS-16/18/21T FS-16i/18i/21T PM-O	备注(一般设定值)
超程信号无效	3004#5	3004#5	出现 506,507 报警时设定 1
显示器类型	3100#7	3100#7	0 单色,1 彩色
中文显示	3102#3	3102#3	1
实际进给速度显示	3105#0	3105#0	1
主轴速度和 T 代码显示	3105#2	3105#2	1
主轴倍率显示	3106#5	3106#5	1
实际手动速度显示指令	3108#7	3108#7	1
伺服调整画面显示	3111#0	3111#0	1
主轴监控画面显示	3111#1	3111#1	1
操作监控画面显示	3111#5	3111#5	1
伺服波形画面显示	3112#0	3112#0	需要时 1,最后要为 0
指令数值单位	3401#0	3401#0	0:微米,1:毫米
各轴参考点螺补号	3620	3620	实测
各轴正极限螺补号	3621	3621	
各轴负极限螺补号	3622	3622	
螺补数据放大倍数	3623	3623	
螺补间隔	3624	3624	
是否使用串行主轴	3701#1	3701#1	0 带,1 不带
检测主轴速度到达信号	3708#0	3708#0	1 检测
主轴电机最高钳制速度	3736		限制值/最大值*4095
主轴各档最高转速	3741/2/3	3741/2/3	电机最大值/减速比
是否使用位置编码器	4002#1	4002#1	使用 1
主轴电机参数初始化位	4019#7	4019#7	
主轴电机代码	4133	4133	
CNC 控制轴数	8130(OI)	8130(OI)	
CNC 控制轴数	1010	1010	8130-PMC 轴数
手轮是否有效	8131#0(OI)	8131#0(OI)	设 0 为步进方式
串行主轴有效	3701#1	3701#1	
直径编程		1006#3	同时 CMR=1

3.2.4 发那科 FANUC 0i Mate-MC 数控系统的 PMC 调试步骤

数控机床控制过程中,PMC 与 CNC 及机床之间进行着丰富的信息交换,这些信息交换对于数控机床的控制起着重要作用。PMC 程序中的地址,X 为机床侧的输入信号、Y 为 PMC 输出到机床侧的信号,F 为来自 CNC 的输入信号,G 为 PMC 输出到 CNC 的信号。本项目中 PMC 的 I/O 地址分配表如表 3.2.5 所示,其中急停信号地址 X8.4,X 轴、Y 轴、Z 轴返回参考点的信号 X9.0～X9.3 为固定地址,不能随意改动。

表 3.2.5　I/O 地址分配表

输　入				输　出	
X4.0	刀库进到位	X9.0	X 零点(固定地址)	Y0.0	冷却
X4.1	刀库退到位	X9.1	Y 零点(固定地址)	Y0.1	润滑
X4.2	刀杆松到位	X9.2	Z 零点(固定地址)	Y0.2	抱闸开
X4.3	刀杆紧到位	X9.3	轴选择旋钮	Y0.3	
X4.4	换刀			Y0.4	
X4.5	润滑	X9.5	轴选择旋钮	Y0.5	刀库电机正转
X4.6	冷却	X9.6	正向	Y0.6	刀库电机反转
X4.7	跳步	X9.7	负向	Y0.7	刀库进
X5.0	X＋限位	X10.0	主轴正转	Y1.0	
X5.1	X－限位	X10.1	主轴停止	Y1.1	主轴电机风扇
X5.2	Y－限位	X10.2	主轴反转	Y1.2	刀杆松
X5.3	Y＋限位	X10.3	选择停止	Y1.3	吹气
X5.4	Z＋限位	X10.4	循环启动		
X5.5	Z－限位	X10.5	进给保持	Y2.0	参考点灯
X5.6	刀位计数	X10.6	单段	Y2.1	跳步灯
X5.7	刀库定位	X10.7	复位	Y2.2	单段灯
X6.0				Y2.3	进给保持灯
X6.1	快移倍率开关			Y2.4	循环启动灯
X6.2				Y2.5	主轴正转灯
X6.3				Y2.6	主轴停止灯
X8.0				Y2.7	主轴反转灯
X8.1	进给倍率选择开关			Y3.0	冷却指示灯
X8.2				Y3.1	复位灯
X8.3				Y3.2	故障灯
X8.4	急停(固定地址)			Y3.3	选择停止灯
X8.5				Y3.4	换刀指示灯
X8.6	工作方式选择开关			Y3.5	电源灯
X8.7				Y3.6	
X9.4				Y3.7	

　　PMC 程序使用的编程编程语言是梯形图(LADDER),这种编程方式易于理解、方便阅读,关于 LADDER 软件的介绍不同类型的 PMC 文件之间的转换见本书 3.1 节。

　　下面介绍 PMC 屏幕页面功能,了解如何对梯形图进行监控、查看各地址状态。首先,通过[SYSTEM]→[▶]→[PMC],调出 PMC 屏幕页面。然后按下[PMCLAD]进入实时梯形图页面,可以进行 PMC 程序的编辑,并实时监控 PMC 与 CNC、机床之间各个信号的状态。

　　要查看各地址状态,需在 PMC 屏幕下按下[PMCDGN]软键,进入 PMC 诊断页面,再按下[STATUAS]键,显示 PMC 信号状态,通过输入地址即可查看其状态,如图 3.2.14 所示。

```
PMC  I/O  MODULE                         MONIT STOP
    ADDRESS      GROUP     BASE    SLOT     NAME
       X000         0         0       1      /6
       X001         0         0       1      /6
       X002         0         0       1      /6
       X003         0         0       1      /6
       X004         0         0       1      /6
       X005         0         0       1      /6
       X006         1         0       1      OC021
       X007         1         0       1      OC021
       X008         1         0       1      OC021
       X009         1         0       1      OC021
    GROUP.BASE.SLOT.NAME –
 )  1.  0.  1.  OC021^

  [INPUT]    [SEARCH]  [DELETE]  [        ] [              ]
```

图 3.2.14　PMC 状态页面

3.2.5　数据备份及恢复

为了避免电池失效、操作失误以及其他意外情况导致的数据丢失,数控系统中的加工程序、参数、PMC 程序等必须进行备份保存。一旦系统出现软、硬件故障,及时进行数据恢复,能够保证机床的正常运行。FANUC 0i Mate‐MC 系统的数据备份和恢复可以利用存储卡或通过 RS232 接口使用 PC 机实现,此处重点介绍利用存储卡进行数据备份和恢复。

使用存储卡进行数据备份需要在系统引导页面进行操作。调用系统引导页面的具体操作步骤如下:

(1) 在机床断电的情况下将存储卡插入存储卡接口;

(2) 同时按下显示器下端最右面两个软键,然后给系统上电,调出系统引导页面,如图 3.2.15 所示。

```
SYSTEM MONITOR MAIN MENU

1. SYSTEM DATA LOADING
2. SYSTEM DATA CHECK
3. SYSTEM DATA DELETE
4. SYSTEM DATA SAVE
5. SRAM DATA BACKUP
6. MEMORY CARD FILE DELLETE
7. MEMORY CARD FORMAT

10. END
 *** MESSAGE ***
 SELECT MENU AND HIT SELECT KEY
< [SELECT] [ YES ] [ NO ] [ UP ] [ DOWN ] >
```

图 3.2.15　系统引导画面

1) 数据备份

调出系统引导页面后,就可以对存储在 SRAM 中的用户数据(包括参数、加工程序、刀补等)和 PMC 程序进行备份。下面分别进行说明,备份用户数据的具体操作步骤如下:

(1) 在系统引导页面下,利用软键[UP]或[DOWN]选择第 5 项 SRAM DATA BACKUP,按[SELECT]键,进入数据备份和恢复页面,如图 3.2.16 所示。

```
┌─────────────────────────────────────────┐
│  SRAM DATA BACKUP                         │
│                                           │
│  ▌ SRAM BACKUP    (CNC→MEMORY CARD)       │
│  2. RESTORE SRAM  (MEMORY CARD→CNC)       │
│  3. AUTO BKUP RESTORE (F-ROM→CNC)         │
│  4. END                                   │
│                                           │
│                                           │
│                                           │
│  * * * MESSAGE * * *                      │
│  SELECT MENU AND HIT SELECT KEY。         │
│                                           │
│  [SELECT]  [ YES ]   [NO]   [UP]   [DOWN] │
└─────────────────────────────────────────┘
```

图 3.2.16　数据备份和恢复页面

(2) 选择第 1 项 SRAM BACKUP, 即可把用户数据从 CNC 备份到存储卡, 文件大小为 1.0 MB, 按下[SELECT]键, 出现是否将用户数据备份到存储卡的提问, 按下[YES]键, 数据备份到存储卡中;

(3) 备份完成后, 从系统引导页面的第 10 项 END, 退出引导页面。

当备份 PMC 程序时, 具体步骤如下:

(1) 在系统引导页面下, 选择第 4 项 SYSTEM DATA SAVE, 进入系统数据保存画面。

(2) 选择 PMC 程序, 按下[SELECT]键, 将 PMC 程序备份到存储卡中;

(3) 备份完成后, 从系统引导页面的第 1 项 END, 退出引导页面。

2) 数据恢复

数据恢复过程分为用户数据恢复和系统数据恢复两类。用户数据恢复同用户数据备份的第 1 步, 然后在数据备份和恢复页面中选择第 2 项 RESTORE SRAM, 即可将用户数据从存储卡恢复到数控系统中。

系统数据恢复的步骤如下:

(1) 调出系统引导页面;

(2) 在系统引导页面下选择第 3 项 SYSTEM DATA LOADING, 进入系统数据加载页面;

(3) 在系统数据加载页面中选择存储卡上所要恢复的文件, 按下[SELECT]键, 出现是否将文件恢复到数控系统中的提问, 按下[YES]键确认, 数据就会恢复到数控系统中;

(4) 系统数据恢复完成后, 从系统引导页面的第 1 项 END, 退出引导页面。

4 三菱数控系统应用综合实训

本章导读：本章主要围绕三菱数控系统应用展开研究，包含两个综合训练项目。4.1 节讲述三菱 MITSUBISHI C70 在数控车床上的具体应用；4.2 节讲述三菱 MITSUBISHI M70 在加工中心上的具体应用。

4.1 综合实训项目 5——数控车床

三菱 MITSUBISHI C70 数控系统是一款面向全球市场的、以面向标准数控车床和铣床为主的经济型数控系统解决方案。在本节中，将针对该系统在数控车床上基本配置情况及主要部件的组成进行介绍，从数控车床设计的角度出发，展开对三菱 MITSUBISHI C70 数控系统的应用研究，主要包含三菱 MITSUBISHI C70 数控系统的硬件介绍、上电调试以及数据备份与恢复等内容。

4.1.1 实训目的与要求

1）实训目的

（1）熟悉基于三菱 MITSUBISHI C70 数控系统的 HT360 数控卧式车床的硬件配置与连接；

（2）学习三菱 MITSUBISHI C70 数控系统上电调试步骤；

（3）学习三菱 MITSUBISHI C70 数控系统的数据备份与恢复方法；

（4）提高数控系统应用设计、调试与维修能力。

2）实训要求

（1）熟悉 HT360 数控卧式车床硬件配置，并学习绘制其电气控制原理图；

（2）熟悉并学会三菱 MITSUBISHI C70 数控系统的相关软件：GT Designer、GX Developer、MS Configurator，为此项目的顺利实施做好准备工作；

（3）学习三菱 MITSUBISHI C70 数控系统的参数设定步骤，包括对 PLC CPU、CNC CPU 等的参数设定；

（4）学会三菱 MITSUBISHI C70 数控系统具体操作方法；

（5）学会三菱 MITSUBISHI C70 数控系统的参数设定方法；

（6）学会 HT360 数控卧式车床的回参考点步骤与参数设置办法；

（7）学会 HT360 数控卧式车床中起到安全保护作用的硬、软限位的参数设置办法；

（8）学会三菱 MITSUBISHI C70 数控系统的数据备份与恢复办法。

4.1.2 三菱 MITSUBISHI C70 数控系统硬件连接

三菱 MITSUBISHI C70 数控系统是一种多 CPU 系统。多 CPU 系统是将多个 CPU 模块安装到主基板上，通过各个 CPU 模块控制输入输出模块、智能功能模块。多 CPU 系统中可使用的 CPU 模块为 QCPU、运动 CPU、C 语言控制器模块、个人计算机 CPU 模块。三菱

MITSUBISHI C70 数控系统选用了通用型 QCPU、运动型 CPU 以及若干输入输出模块等。

1) HT360 数控卧式车床的数控系统配置

HT360 数控卧式车床的数控系统配置,如表 4.1.1 所示。不同型号的电机需要严格按照手册要求搭配相应规格的驱动器。

表 4.1.1　HT360 数控卧式车床的数控系统配置表

序号	名称	型号	数量
1	PLC 电池	Q6BAT	1
2	PLC CPU	Q04UDHCPU	1
3	基板	Q312DB	1
4	电源单元	Q64P	1
5	输入模块	QX41	4
6	输出模块	QY41P	2
7	触摸屏	GT1685M－STBA	1
8	C70　CNC CPU 模块	Q173NCCPU－S01	1
9	NC 电池单元	C70 BATTERY SET(PS0－20883)	1
10	放大器电池	MR－J3BAT	2
11	伺服放大器	MDS－D－SVJ3－20	2
12	伺服电机	HF－154S－A48	1
13	伺服电机	HF－154BS－A48	1
14	主轴电机	SJ－V5.5－01T(8000rpm)	1
15	主轴驱动器	MDS－D－SPJ3－55	1

2) 硬件连接

按照图 4.1.1 所示的连接方式选用对应的电缆将三菱 MITSUBISHI C70 数控系统各个组件进行连接,通用型 QCPU 模块/运动 CPU 模块从基板模块的 CPU 插槽(电源模块右边的插槽)按顺序装入。具体各部件的连接参考后续小节。

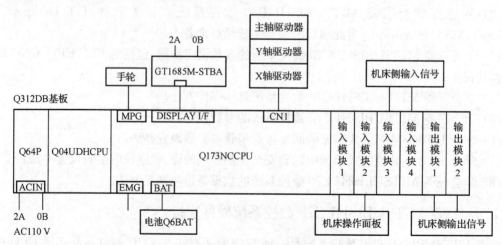

图 4.1.1　三菱 MITSUBISHI C70 数控系统的系统互联图

3）主基板

三菱 MITSUBISHI C70 数控系统采用的主基板为 Q312DB,内置 CPU 间专用高速总线(4 插槽),通过模块连接器安装 Q 系列电源模块 Q64P、CPU 模块(PLC CPU Q04UDHCPU 和 CNC CPU Q173NCCPU - S01)、输入模块(4 个 QX41)、输出模块(2 个 QY41P)。

4）PLC CPU 单元连接

PLC CPU 有 USB 连接器,用于连接支持 USB 的外围设备,可以通过 USB 专用电缆连接。同样的,RS - 232 连接器用于通过 RS - 232 与外围设备连接,可以通过 RS - 232 连接电缆连接。通过 USB/Serial 接口可以连接有 PLC 程序开发工具 GX - Developer 的个人电脑。另外,存储卡安装连接器用于将存储卡安装到 CPU 模块中,以扩展存储器容量。

5）CNC CPU 单元连接

HT360 数控卧式车床采用的 CNC CPU 是 Q173NCCPU - S01,其主要接口如下。

(1) EMG 紧急停止信号输入用插头(见图 4.1.2)

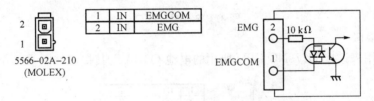

图 4.1.2　紧急停止信号输入用插头

紧急停止信号输入接口电路绝缘方式为光电耦合,输入方式支持漏极/源极,输入为直流 24 V。

(2) 显示器连接插头

DISPLAY 接口是连接触摸屏的以太网接口,其接口如图 4.1.3 所示。

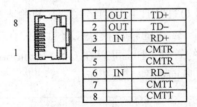

图 4.1.3　DISPLAY 接口

GOT 显示器还可以通过 Q 总线进行连接。

(3) CN1 接口

CN1 为连接伺服/主轴驱动单元的接口,进给轴伺服单元和主轴伺服单元都有 CN1A 和 CN1B 接口,实现 CN1 -[CN1A - CN1B]-[CN1A - CN1B]……的级连。CN1 接口如图 4.1.4 所示。

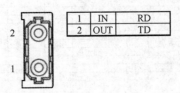

图 4.1.4　CN1 接口

（4）MPG 接口

MPG 接口是手动脉冲发生器（手轮）连接用插头，输入脉冲信号 HA1、HA2 相位差为 90°，输入脉冲的最大频率为 100 kHz，一转的脉冲数为 25 pulse/rev 或 100 pulse/rev，输入的信号电压为 H 级是 3.5～5.25 V、L 级是 0～0.5 V。MPG 接口如图 4.1.5 所示。

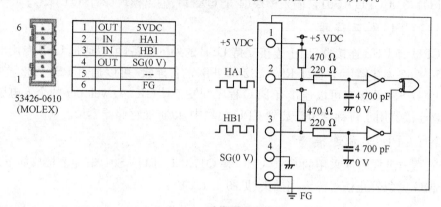

图 4.1.5　MPG 接口

（5）BAT 接口

BAT 接口用来连接 Q173NC CPU 所用的电池 Q6BAT，其接口如图 4.1.6 所示。

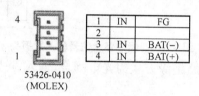

图 4.1.6　BAT 接口

6）I/O 单元连接

HT360 数控卧式车床采用 Q312DB 基板，4 个 32 点的输入模块 QX41 依次从左往右排在 PLC CPU、CNC CPU 右侧，2 个 32 点的输出模块 QY41P 排在输入模块后面，输入地址、输出地址依次排序。输入输出模块的管理 CPU 可以在 GX Developer 软件中设置，路径为：PLC 参数→I/O 分配→详细设置，设置界面如图 4.1.7 所示。

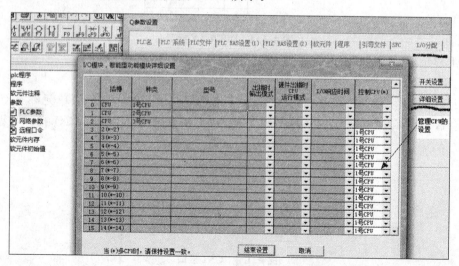

图 4.1.7　I/O 单元管理 CPU 设置对话框

（1）QX41 DC 输入模块

QX41 输入模块是正极公共端,输入点数是 32 点,采用的隔离方法是光电耦合器,额定输入电压为 24 VDC,额定输入电流约为 4 mA。公共端子为 B01、B02。QX41 的引脚线和引脚排列如表 4.1.2 所示。

表 4.1.2　QX41 的引脚线和引脚排列表

引脚线		引脚编号	信号编号	引脚编号	信号编号
		B20	X00	A20	X10
		B19	X01	A19	X11
		B18	X02	A18	X12
		B17	X03	A17	X13
		B16	X04	A16	X14
		B15	X05	A15	X15
		B14	X06	A14	X16
		B13	X07	A13	X17
		B12	X08	A12	X18
		B11	X09	A11	X19
		B10	X0A	A10	X1A
		B09	X0B	A09	X1B
		B08	X0C	A08	X1C
		B07	X0D	A07	X1D
		B06	X0E	A06	X1E
		B05	X0F	A05	X1F
		B04	空	A04	空
模块正视图		B03	空	A03	空
		B02	COM	A02	空
		B01	COM	A01	空

QX41 的典型外部连接图,如图 4.1.8 所示。

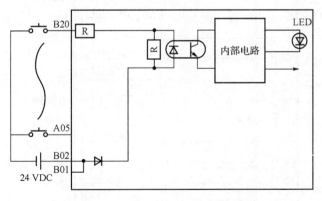

图 4.1.8　QX41 的典型外部连接图

各个 QX41 模块的 I/O 地址从 CNC CPU 右侧相邻插槽所安装的模块为始按顺序编址,分别是 X00～X1F、X20～X3F、X40～X5F、X60～X7F,其接口电路如图 4.1.9～图 4.1.12 所示。

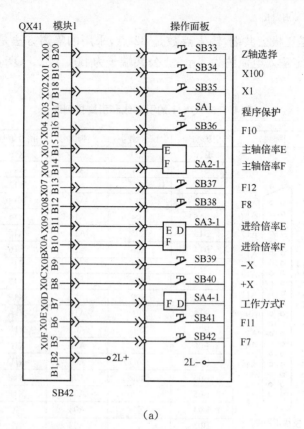

（a）

（b）

图 4.1.9　QX41 模块 1 接口电路

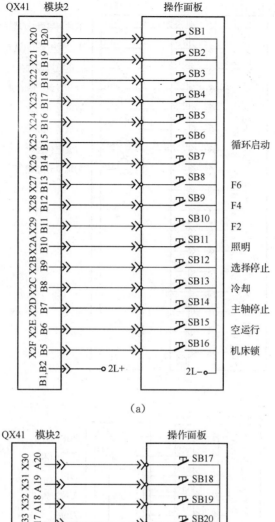

（a）

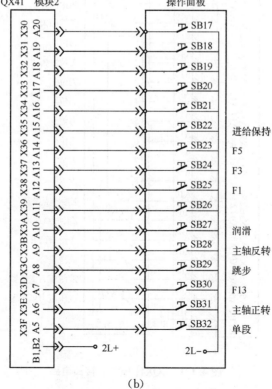

（b）

图 4.1.10　QX41 模块 2 接口电路

QX41　模块3　　XT4　　　机床侧

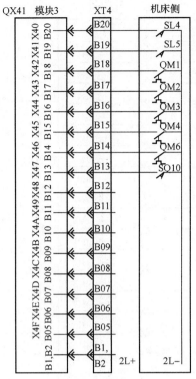

B1,B2 B05 B06 B07 B08 B09 B10 B11 B12 B13 B14 B15 B16 B17 B18 B19 B20
X4F X4E X4D X4C X4B X4A X49 X48 X47 X46 X45 X44 X43 X42 X41 X40

XT4	机床侧	
B20	SL4	卡盘夹紧确认(选择)
B19	SL5	卡盘松开确认(选择)
B18	QM1	主电机风扇过载
B17	QM2	冷却过载
B16	QM3	液压电机过载
B15	QM4	排屑器过载
B14	QM6	刀架电机过载
B13	SQ10	主轴单元过载
B12		
B11		
B10		
B09		
B08		
B07		
B06		
B05		
B1, B2	2L+	2L−

（a）

QX41　模块3　　XT4　　　机床侧

B1,B2 A05 A06 A07 A08 A09 A10 A11 A12 A13 A14 A15 A16 A17 A18 A19 A20
X5F X5E X5D X5C X5B X5A X59 X58 X57 X56 X55 X54 X53 X52 X51 X50

XT4	机床侧	
A20	SQ3	防护门开
A19	SQ4	防护门关
A18	1	刀位1
A17	2　0 V	刀位2
A16	3	刀位3
A15	4	刀位4
A14	5	刀位5
A13	6	刀位6
A12	7	刀位7
A11	8 +24 V	刀位8
A10	SQ7	X参考点减速
A09	SQ8	Z参考点减速
A08	SQ9	卡盘脚踏开关
A07	SL1	润滑报警
A06	SL2	液压压力低报警
A05	KA37	气压压力低报警
B1, B2	2L+	2L−

（b）

图 4.1.11　QX41 模块 3 接口电路

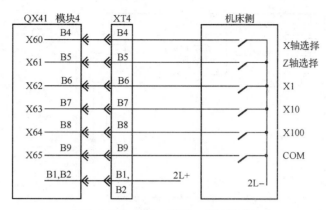

图 4.1.12　QX41 模块 4 接口电路

（2）QY41P 晶体管输出模块

QY41P 输出模块是晶体管漏型，输出点数是 32 点，隔离方法采用光电耦合器，额定负载电压是 DC 12～24 V，外部电源的电压为 DC 12～24 V。当电源为 DC 24 V 时，电流为 20 mA。公共端子为 A01、A02。QY41P 的引脚线和引脚排列如表 4.1.3 所示。

表 4.1.3　QY41P 的引脚线和引脚排列表

引脚线		引脚编号	信号编号	引脚编号	信号编号
		B20	Y00	A20	Y10
		B19	Y01	A19	Y11
		B18	Y02	A18	Y12
B20〇〇A20		B17	Y03	A17	Y13
B19〇〇A19 B18〇〇A18		B16	Y04	A16	Y14
B17〇〇A17 B16〇〇A16		B15	Y05	A15	Y15
B15〇〇A15 B14〇〇A14		B14	Y06	A14	Y16
B13〇〇A13		B13	Y07	A13	Y17
B12〇〇A12 B11〇〇A11		B12	Y08	A12	Y18
B10〇〇A10		B11	Y09	A11	Y19
B9〇〇A9		B10	Y0A	A10	Y1A
B8〇〇A8 B7〇〇A7		B09	Y0B	A09	Y1B
B6〇〇A6 B5〇〇A5		B08	Y0C	A08	Y1C
B4〇〇A4		B07	Y0D	A07	Y1D
B3〇〇A3 B2〇〇A2		B06	Y0E	A06	Y1E
B1〇〇A1		B05	Y0F	A05	Y1F
		B04	空	A04	空
模块正视图		B03	空	A03	空
		B02	12/24 VDC	A02	COM
		B01	12/24 VDC	A01	COM

QY41P 的典型外部连接图，如图 4.1.13 所示。

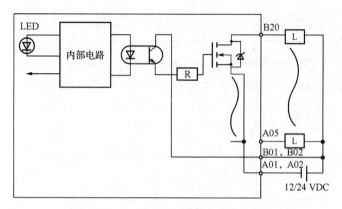

图 4.1.13　QY41P 的典型外部连接图

各个 QY41P 模块的 I/O 地址依次从 CPU 侧往右进行编址，分别是 Y00～Y1F、Y20～Y3F，如图 4.1.14～图 4.1.17 所示。

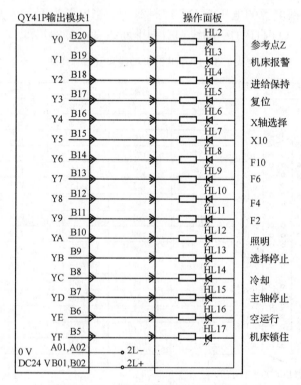

图 4.1.14　QY41P 模块 1 接口电路(1)

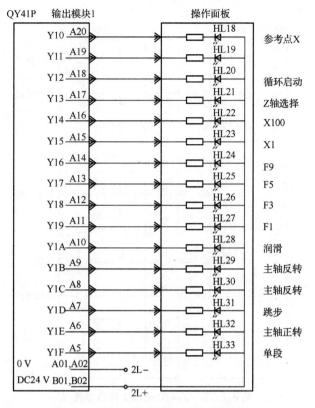

图 4.1.15 QY41P 模块 1 接口电路（2）

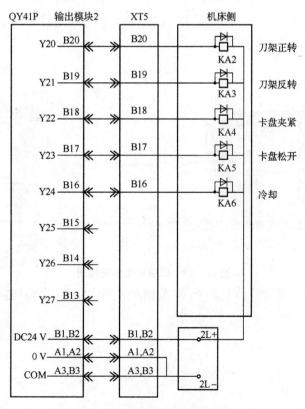

图 4.1.16 QY41P 模块 2 接口电路（1）

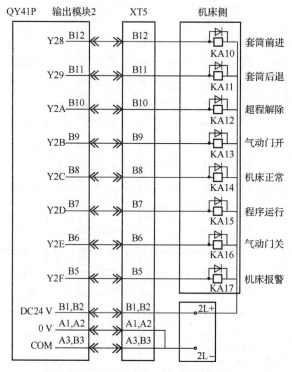

图 4.1.17 QY41P 模块 2 接口电路(2)

7) 伺服/主轴驱动器连接(MDS-D-SVJ3 系列驱动器)

光通信的伺服驱动器 MDS-D-SV J3/SP J3 系列的连接是将光缆连接至 CNC CPU 的插头 CN1。伺服单元的连接图如图 4.1.18 所示。

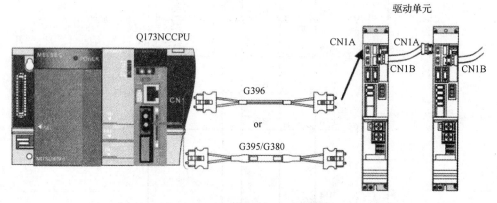

图 4.1.18 伺服单元的连接图

HT360 数控卧式车床进给轴有 2 个,为 X 轴和 Z 轴,主轴 1 个,其电气原理图如图 4.1.19 所示。

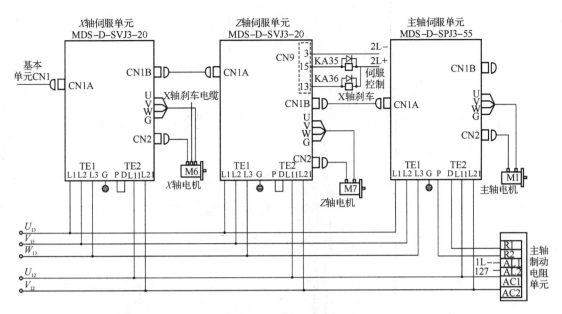

图 4.1.19　伺服系统连接图

8）电源单元连接

向基板单元及增设基板连接电源线及接地线如图 4.1.20 所示。

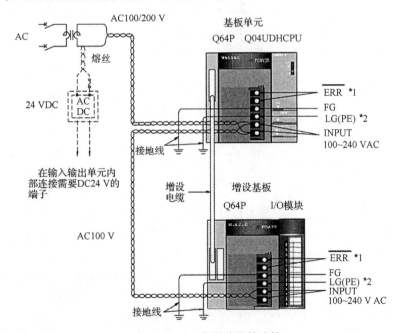

图 4.1.20　电源单元的连接

9）外部急停回路连接

将紧急停止信号连接至插头 EMG，Q173 NC CPU 单元没有用于紧急停止信号的 DC24 V 输出，所以需要从外部供电。接线图如图 4.1.21 所示。

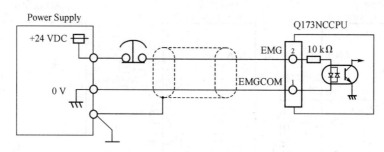

图 4.1.21　紧急停止信号的连接图

4.1.3　三菱 MITSUBISHI C70 数控系统参数设定及调试

三菱 MITSUBISHI C70 数控系统初始设定的流程如下图所示。

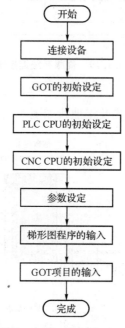

图 4.1.22　初始化流程

GOT 的初始设定包括以下内容:画面设计软件 GT Designer2 的安装、连接设备设定、备份数据保存地址的设定、GOT 画面的创建和向 GOT 传送数据。

PLC CPU 的初始设定包括:三菱 PLC 编程软件 GX Developer 的连接设定,以及多 CPU 参数的设定。

CNC CPU 的初始设定包括:CNC CPU 内部数据的初始化和多 CPU 参数的设定。

参数设定包括:CNC 基本参数、CNC 轴参数、CNC 伺服参数、CNC 主轴规格参数和 CNC 主轴参数的设定。

上述内容设置好后,装载 PLC 程序和触摸屏上的界面程序进行调试。

1) 参数设定

在三菱 MITSUBISHI C70 数控系统的硬件连接检查和设置执行完毕向系统上电时,在GOT 的画面按下功能选择键 [报警诊断] →菜单选择键 [信息],界面上会显示出很多报警,这是因为在开机时有些 CNC 参数是必须设置的,下面列举出必须设定的最少参数。

（1）参数设定的操作方法

可从 刀具补偿参数 选择画面，切换到设定参数画面，如图 4.1.23 所示。

【设定 画面选择】　　　　　　　　　　　　　　　　参数 3

是否选择 设定 参数画面？
"YES 时 按 "Y" "INPUT"
"NO 时 按 "N" "INPUT"

#（ ）

工件坐标　　加工参数　　　　　　　设定　　切换菜单

图 4.1.23　设定参数画面

选择设定参数。在♯（ ）中通过键盘输入 Y，按空格输入。按下菜单切换后，将显示通常情况下不显示的设定参数菜单。可选择需要的菜单，显示设定参数的设定。

参数设定方法主要包括下列步骤："①输入参数编号""②移动光标""③按下数据键输入数据""④按下输入键"。

（2）CNC 基本参数的设定

参数♯1043：选择显示语言，为操作方便，可以设置为 22，显示语言为中文简体。

参数♯1138：选择通过参数号选择画面功能是否有效，如有效，当输入参数号后，屏幕立即切换到该参数画面。

参数♯1001：选择系统及 PLC 轴的有/无。C70 数控系统最多可对 7 系统 16 轴进行控制。

参数♯1002：设定第 n 系统内的控制轴数、PLC 轴数。

设置参数时，画面数量（页数）、显示项目根据参数♯1001、♯1002 决定的轴的总数、系统数等发生变化，使用轴数的合计超过 8 轴时，自动追加页数。

参数♯1013：设定各轴的名称。

参数♯1037：设定程序的 G 代码体系与补偿类型。

参数♯1060：设定处理启动，即执行系统初始化。该参数有效时，GOT 画面上实行一次触摸设定，根据提示，一方面可以根据参数♯1001～♯1043 的设定值进行系统的初始化，另一方面可以对加工程序和刀具补偿数据进行格式化，输入标准固定循环程序。在正确设置完参数♯1001～♯1043 后必须按提示设置参数♯1060。

参数♯1155、♯1156：设定门互锁用信号输入元件，这两个参数设置值必须一样，当不使用固定元件号时，设定为 100。

下面 3 个参数仅当"参数♯1226/bit5"设定为"1"时有效，用来设置各轴的行程限位开关和近点开关：

参数♯2073：设定分配原点挡块信号时的输入元件（地址）。

参数♯2074：设定正限位信号的输入元件（地址）

参数♯2075：设定负限位信号的输入元件（地址）

（3）伺服电动机参数的设置

CNC 上电后，必须对下列轴运动参数和伺服电动机参数进行设置，否则会报警，设定时需匹配机械规格及使用的伺服驱动系统。除了常规的参数设置操作方法之外，三菱公司还提供了 MS Configurator 软件，该软件可以通过调节加工程序或振动信号驱动电机，通过计测/解析机械特性，自动调整伺服参数，且具备数据测定功能，软件使用方法请参考相应手册。

♯2001:快速进给速度。

♯2002:定义各轴的切削进给最高速度。

♯2003:设定加减速控制模式。

♯2004:设定快速进给 G0 加减速中,直线控制的时间常数。

♯2007:设定切削进给 G1 加减速中,直线控制的时间常数。

♯2201:设定伺服电机轴与机床(滚珠丝杠等)间存在齿轮时的电机端齿轮比的值。

♯2202:设定伺服电机轴与机床(滚珠丝杠等)间存在齿轮时的机床端齿轮比的值。

♯2218:伺服电机时设定滚珠丝杠的螺距。

♯2219:位置编码器分辨率。

♯2220:速度编码器分辨率。

♯2225:设定位置检测元件类型、速度检测元件类型以及电机类型。

♯2236:电源单元型号/回生制动电阻。

(4) 主轴参数的设置

当数控系统配置主轴时(包括变频主轴)必须设定以下参数:

♯1039:设定主轴的轴数。

♯3024:选择连接主轴驱动单元的接口类型。0:不连接主轴;1:总线连接即伺服主轴;2~5:模拟输出即变频主轴。

♯3025:主轴编码器的连接形式。

♯3031:主轴驱动单元特定的编号。设定值为 4 位的 16 进制数,如主轴驱动单元连接在 CNC 的通道 1,主轴驱动单元上的旋转开关设定为 2,则♯3031 设置为 1003H。

♯3109:Z 相检测速度。主轴原点接近开关检测有效时的定位/原点返回(同期攻丝、主轴 C 轴)的旋转方向依照 Z 相检测方向;转速依照 Z 相检测速度。

(5) PLC 参数

与 PLC 程序有关的参数如下:

♯6449:PLC 程序中的计数器、计时器是否生效。当"♯6449/bit0"为"0"时有效,此时由参数♯6000 - 6015、♯6016 - 6095 控制的计时器生效,由参数♯6096 - 6103 控制的累加计数器、♯6200 - 6223 控制的计数器生效。

♯6450:bit0 控制报警信息是否生效,bit2 操作信息是否生效。

2) PLC CPU 的初始化

(1) 连接设定

使用 PLC CPU 的 USB 或是 RS - 232C 接口中的任意一个,将已安装 GX Developer 软件的电脑连接至 PLC CPU。为了设定 GX Developer 与 PLC CPU,需要在 GX Developer 上打开项目。

①打开 PLC CPU 电源,启动 GX Developer,新建项目,显示"新建项目"对话框,如图 4.1.24 所示,在"PLC 系列"选择连接至"QCPU(Q 模式)"、"PLC 类型"PLC CPU 的类型 Q04UDH,单击"OK"。

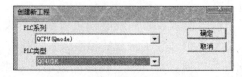

图 4.1.24　新建项目对话框

②在菜单选择[在线]→[传输设置]。在"传输设置"页面(见图4.1.25)双击"串行USB", 选择连接方式(USB或是RS-232C)。单击"通信测试",执行通信测试。确认"连接已成功"的信息后,单击"OK"。

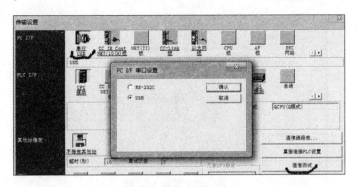

图4.1.25 传输设置

(2) 多CPU参数的设定

本车床装载了1台PLC CPU、1台CNC CPU,需要进行多CPU设置。

①依次双击[参数]→[PLC参数],显示"Q参数设置"对话框。单击对话框下方的"多CPU设置",显示"多CPU设置"对话框,如图4.1.26所示。

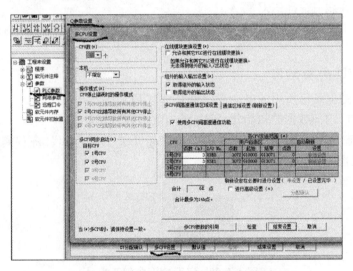

图4.1.26 打开"多CPU设置"对话框

②在显示的"多CPU设置"对话框的"CPU数"中设定基板上装载的CPU模块的总数2;在"组外的输入输出设置"区域上,勾选"取得组外的输入状态";在"多CPU间高速通信区域设置"栏上,将各CPU的"点数(K)"设定为3,单击"结束设置"。在"Q参数设定"对话框上也单击"结束设置",如图4.1.27所示。

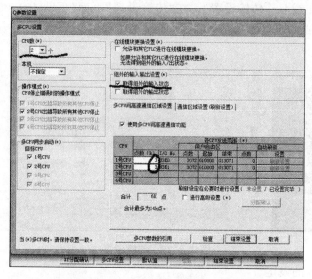

图 4.1.27　"多 CPU 设置"对话框的设置

（3）参数的写入

将 GX Developer 设定的参数写入至 PLC CPU。

①从菜单栏[在线]选择[PLC 写入]。

②勾选"PLC 写入"对话框的"参数"复选框，单击"执行"。写入结束，则显示结束信息。

③重启电源。

3）CNC CPU 的初始化

设置前，确认数据备份所用的电池连接至 CNC CPU。

（1）CNC CPU 内部数据的初始化（SRAM 内数据的删除）

①在断电状态下，将 CNC CPU 模块的左侧旋钮开关 1 设为"0"、将右侧旋钮开关 2 设为"C"，然后通电（见图 4.1.28）。

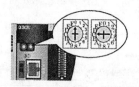

图 4.1.28　CNC CPU 旋钮开关

②LED 显示变化为"b00"→…→"b80"，显示为"c30"，则表示清除结束。耗时约为 4 秒。

③关闭电源，将右侧旋钮开关 2 设为"0"（通常设定）。

根据 SRAM 清零，CNC CPU 的 Ethernet 的初始设定值为：

　IP 地址：192.168.1.1

　子网掩码：255.255.255.0

　网关：0.0.0.0

　端口号：64758

　通信速度：自动判别

（2）多 CPU 参数的设定

在 GOT 的 CNC 监视画面执行 CNC CPU 模块的参数设定。

①接通 CNC CPU 模块电源。接通 GOT 电源，显示功能的主菜单。GT16 时触摸左上方

的位置。

②选择[CNC 监视]菜单。

GT16 时的路径为：[保护功能]→[各种监视]→[CNC 监视]

③显示与 GOT 连接用的通信驱动器的选择画面，因此选择"E71 连接"。

总线连接时，选择"总线连接(Q)"。

④依次选择[刀具补偿参数]→[菜单切换(菜单 5)]→[设定(菜单 4)]，显示设定画面选择。

⑤根据画面指示，选择"Y"→"输入"(输入"Y")，并且选择"多 CPU(菜单 4)"。

⑥在显示的[多 CPU 参数]画面中，CPU♯1 为 PLC CPU，CPU♯2 为 CNC CPU，设定以下值，如图 4.1.29 所示。

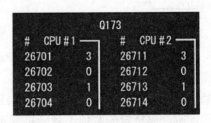

图 4.1.29　多 CPU 参数的设置

⑦重启电源。

4) 参考点设定

参考点设定的条件是 PLC CPU 上安装了机械控制用 PLC 程序，CNC 伺服轴为可动作状态。

PLC 参数设置完成，确认无报警，轴移动确认正常后，需要对机床建立坐标系，进行机床参考点的设定。

位置检查系统分为两种，相对位置原点与绝对位置原点。相对位置原点：每次电源接通时均需确定参考点(原点)位置；绝对位置原点：电源接通时无需再次确定参考点(原点)。

本部分以相对位置检测系统的挡块式参考点返回调整为例。

(1) 挡块式参考点返回的动作

执行挡块式参考点返回，则轴进行以下动作。

①按照 G28 快速进给速度开始移动。

②移动过程中检测到近点挡块，则减速停止。之后按照 G28 接近速度继续移动。

③如在脱离近点挡块后到达最初的栅格点，则停止。

停止的栅格点称为电气原点。通常电气原点位置为参考点。

(2) 挡块式参考点返回的调整步骤

①依次选择[刀具补偿参数]→[菜单切换(菜单 5)]→[设定(菜单 4)]→"Y"→"输入"→[轴规格]，然后通过翻页显示[原点返回参数]。

②在[原点返回参数]画面中将参数设定为"0"。参考点偏移量(♯2027)、栅格屏蔽量(♯2028)

③重启电源后，执行参考点返回。

④依次选择[报警/诊断]→[伺服监视(菜单 2)]，通过翻页键显示[伺服监视(3)]画面，确认"栅格间距"与"栅格量"。

⑤依次选择[刀具补偿参数]→[菜单切换(菜单 5)]→[设定(菜单 4)]→"Y"→"输入"→[轴规格]，然后通过翻页显示[原点返回参数]画面，将决定的栅格屏蔽量设定至"♯2028"。

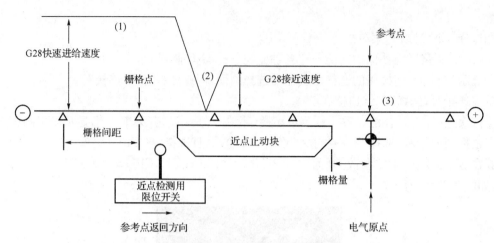

图 4.1.30 相对位置检测系统的挡块式返回参考点示意图

⑥重启电源后,执行参考点返回。

⑦在驱动器监视画面中确认栅格间距及栅格量的数值。栅格量的数值约为栅格间距的一半,则可正确执行栅格屏蔽量的设定。栅格量的数值不到栅格间距的一半时,需要从步骤(1)开始重新修改。

⑧设定参考点偏移量(♯2027)。电气原点为参考点时,参考点偏移量(♯2027)为"0"。

⑨重启电源后,执行参考点返回。轴按照参数"♯2025 G28 快速进给速度"的设定值移动。通常将参数"♯2025 G28 快速进给速度"设定为最高速度,因此第 2 次以后的参考点返回执行高速动作。需要特别注意。

⑩设定机械坐标系偏置(♯2037)。

相关的参数如表 4.1.4 所示。

表 4.1.4 挡块式参考点返回相关参数

参数号	参数说明
2025	G28 快速进给速度
2026	G28 接近速度
2027	参考点偏移量
2028	栅格点屏蔽量
2029	栅格间距
2030	参考点返回方向
2031	无参考点的轴
2037	机械坐标系偏置

5) 行程终端和存储行程极限设定

(1) 行程终端

根据检测行程终端的限位开关信号,限制轴的移动,即硬限位。

根据以下参数分配信号的设备号。

参数♯2074、♯2075,仅在"♯1226/bit5"设定为"1"时生效。♯1226/bit5:设定为"1"(信号的任意分配有效)。

♯2074 H/W OT+:设定分配正限位信号时的输入设备。[设定范围 0000～02FF(16 进制)]

♯2075 H/W OT－:设定分配负限位信号时的输入设备。［设定范围0000～02FF(16进制)］

可以修改此参数,查看显示报警、轴减速停止的位置值。

(2) 存储行程极限设定

存储行程极限通过参数或程序指令设定每个轴能移动距离的最大值和最小值,即软限位。轴若超出设定的范围移动时,会显示报警、减速停止。进入禁区发生报警时,只能朝移动的方向及其反方向移动。

①如最大值和最小值被设定为同一值,则不会执行行程检查。

②非绝对位置检测系统时,在参考点返回后生效。

③机床进入禁区之前,出现"M01操作错误0007"(S/W行程末尾),停止机床的移动。使错误发生轴向相反方向移动,则可解除报警。

④在自动运转时,只要1轴发出报警就会造成全轴减速停止。

⑤手动运转时,只有发出报警的轴会减速停止。

⑥停止位置必须在禁区之前。

⑦禁区与停止位置的距离取决于进给速度等。

利用机床厂使用的存储式行程极限功能,设定参数"♯2013 OT－"(软极限负方向)与"♯2014 OT＋"(软极限正方向)的边界,所设定边界的外侧为禁区。

可以修改此参数,查看显示报警、轴减速停止的位置值。

对应轴正、负方向存储行程极限设定范围应小于等于行程终端开关限定的位置范围。

4.1.4 数据备份与恢复

1) PLC CPU、CNC CPU 数据的备份与恢复(见图4.1.31)

GOT1000系列产品中配有备份/恢复功能。通过简单操作,可以把需要备份的PLC CPU、CNC CPU数据全部保存在GOT1000上的CF卡里。再通过整个备份数据,可以给每个CPU模块进行数据恢复。GT16(GOT1000系列产品)时,还可以使用USB存储器。

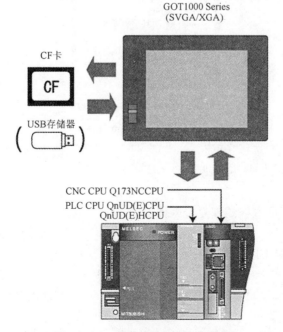

图 4.1.31 数据备份与恢复示意图

（1）备份步骤

PLC CPU、CNC CPU 数据的备份步骤如下：

①关闭 CF 卡访问开关。

②把 CF 卡插入插槽。

③打开 CF 卡访问开关。

以上三步统称 CF 卡操作，如图 4.1.32 所示。

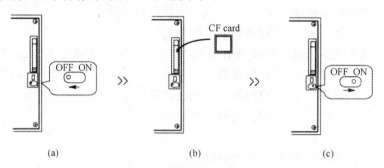

图 4.1.32　CF 卡操作

④打开 GOT 功能画面。触摸功能呼叫触摸键，GT16 出厂时该键在屏左上方的位置，此呼叫键可在 GT Designer2 的"GOT 设定"画面进行设定。

⑤选择[备份/恢复]菜单。

GT16 触摸屏进入此菜单的路径为：[维护功能]→[内存、数据管理]→[备份/恢复功能]。

⑥选择[备份功能（机械→GOT）]后，则显示确认窗口。选择"OK"，开始备份。

⑦自动选择、显示 CPU 模块，制作备份文件。文件名自动显示如图 4.1.33 所示。

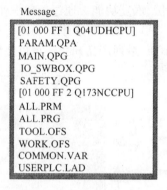

图 4.1.33　备份文件名

⑧显示确认完成窗口，选择"OK"。

⑨关闭 CF 卡访问开关，将卡取出。

（2）数据的恢复

PLC CPU、CNC CPU 数据的恢复步骤如下：

①关闭 CF 卡访问开关。

②把存有备份数据的 CF 卡插入插槽内。

③打开 CF 卡访问开关。

④打开 GOT 功能画面。触摸功能呼叫触摸键，GT16 出厂时该键在屏左上方的位置。

⑤选择[备份/恢复]菜单

GT16 触摸屏进入此菜单的路径为：[维护功能]→[内存、数据管理]→[备份/恢复功能]

⑥选择[恢复功能(GOT→机器)]后,CF 卡内的备份文件则显示于"数据一览"中。选择需要恢复的数据。

⑦同时显示 CPU 模块,选择作为恢复对象的 CPU 模块。被选择的模块中显示"●"符号(见图 4.1.34)。

图 4.1.34　选择恢复 CPU 对象

⑧选择"执行"。

⑨显示确认窗口。选择"OK",开始备份。

⑩显示"进程"画面,显示恢复了的文件(见图 4.1.35)。

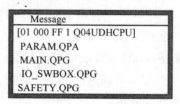

图 4.1.35　恢复的数据文件

⑪选择的数据恢复完成后,显示确认窗口。选择"OK"。点击后,所有 CPU 模块会自动复位。

⑫关闭 CF 卡访问开关,将卡取出。

2) GOT 数据的备份与重新安装

可以将写入至 GOT 里的基本功能(基本 OS)、通信驱动器、BootOS、项目等,统一备份到安装在 GOT 上的 CF 卡里。被统一备份的数据,可通过简单的操作放回到 GOT 上。GT16(GOT1000 系列产品)时,还可以使用 USB 存储器。

(1) GOT 数据备份

GOT 数据备份的步骤如下:

①关闭 CF 卡访问开关。

②把 CF 卡插入插槽。

③打开 CF 卡访问开关。

④打开 GOT 功能画面。触摸功能呼叫触摸键,GT16 出厂时该键在屏左上方的位置。

⑤选择[备份/恢复]菜单。

GT16 触摸屏进入此菜单的路径为:[维护功能]→[内存、数据管理]→[备份/恢复功能]。

⑥选择[GOT 数据统一获取功能(GOT 自身)],显示[项目/数据管理:GOT 数据获取]画面。

⑦在选择驱动器中,选择"A:标准 CF 卡",选择"复制"。如要将数据备份到 USB 存储器上时(仅 GT16),需选择"E:USB 驱动器"。

⑧显示确认画面,请选择"OK"。

⑨备份完成后会显示确认画面,请选择"OK"结束。

（2）GOT 数据的重新安装

GOT 数据的重新安装步骤如下：

①关闭 GOT 电源，关闭 GOT 背面的 CF 卡访问开关。将写有基本功能（基本 OS）等的 CF 卡插入插槽，打开 CF 卡访问开关。

②打开 GOT 电源。触摸 GOT 画面左上与左下的同时打开 GOT 电源。如果是 GT1595 - X 及 GT16，按住 GOT 背面的安装开关（S. MODE 开关）的同时打开 GOT 电源。BootOS、基本功能 OS 安装于内置闪存。

③安装完成后，GOT 自动重启。（基本功能 OS 已安装时，按下按钮即可重启。）

④确认正常重启后，请关闭 GOT 的 CF 卡访问开关。确认 CF 卡存储 LED 灯灭后，请将 CF 卡从 GOT 的 CF 卡接口中拔除。

4.2 综合实训项目 6——加工中心

三菱 MITSUBISHI CNC 自 2003 正式进入中国内地市场，三菱 MITSUBISHI M70 数控系统（见图 4.2.1）是三菱重工于 2008 年为完善市场对三菱数控系统的需求，推出的一体化数控系统产品，相对于高端的 M700 系列而言，其性价比更优。M70 系列定位于中国内地市场，目前拥有搭载高速 PLC 引擎的智能型（70A）和标准型（70B）两种产品。

控制单元配备最新 RISC 64 位 CPU 和高速图形芯片，通过一体化设计实现完全纳米级控制、超一流的加工能力和高品质的画面显示。

图 4.2.1　三菱 MITSUBISHI M70 数控系统

● 系统所搭配的 MDS‐D/DH‐V1/V2/V3/SP、MDS‐D‐SVJ3/SPJ3 系列驱动可通过高速光纤网络连接，达到最高功效的通信响应。

●采用超高速 PLC 引擎，缩短循环时间。

●配备前置式 IC 卡接口。

●配备 USB 通信接口。

●配备 10/100M 以太网接口。

● 真正个性化界面设计（通过 NC Designer 或 C 语言实现），支持多层菜单显示。
● 智能化向导功能，支持机床厂家自创的 html、jpg 等格式文件。
● 产品加工时间可估算。
● 多语言支持（8 种语言支持、可扩展至 15 种语言）。

4.2.1 实训目的与要求

1）实训目的

在本节中，以三菱 MITSUBISHI M70B 数控系统在三轴联动立式加工中心上的应用为主要内容，从数控加工中心的设计、装调角度出发，介绍了三菱 MITSUBISHI M70 数控系统的硬件及接口连接；上电调试；MS Configurator 调整步骤；数据备份与恢复；调试过程中可能的故障诊断及排除等。旨在使设计正确合理，避免潜在的隐患；使安装规范；使调试步骤科学。通过本节的学习，可以在较短的时间内完成从配置连接到安装启动，以及功能的调试和使用。

2）实训要求

（1）掌握三菱 MITSUBISHI M70 数控系统的基本知识及特点；

（2）能够根据系统硬件和接口知识的学习，设计出数控加工中心电气原理图；

（3）能够在按照电气原理图安装完毕的基础上，上电调试，具体包括参数设定、PLC 初始化、机床基本功能和动作的调试以及数据的备份与恢复；

（4）能够在掌握基本装调技能的前提下，灵活修改和调试 PLC 程序；

（5）能够对调试过程中出现的基本故障进行诊断和排除。

4.2.2 三菱 MITSUBISHI M70 数控系统硬件介绍

1）三菱 MITSUBISHI M70 数控系统的构成

三菱 MITSUBISHI M70 数控系统是三菱重工与 2008 年推出的一款高性价比的一体化数控系统产品，包括显示器（控制单元）、键盘、操作面板、远程 I/O 板、伺服/主轴驱动器、伺服/主轴电机等，其构成如表 4.2.1 所列及图 4.2.2 所示。

表 4.2.1 三菱 MITSUBISHI M70 数控系统组成

系统组成部件	功能或型号	补充说明
CNC 控制单元	NC 功能＋显示控制	控制器出厂时已默认安装在显示器背面
显示单元	LCD 显示面板	
操作柜 I/O 单元	连接机床操作面板及手轮	操作柜 I/O 单元出厂时已默认安装在键盘单元背面
键盘单元	键盘按键	
远程 I/O 单元	连接机床外围信号点、继电器输出等	厂家自行决定安装位置
手动脉冲发生器		可选择同步进给编码器
机械操作面板		MITSUBISHI 或机床生产厂提供
伺服/主轴驱动单元	伺服驱动器：MDS－D－V1/V2/SVJ3/SPV3 主轴驱动器：MDS－D－SP/SPJ3/SPV3	不同型号电机需严格按手册上的要求，搭配相应规格的驱动器
伺服/主轴电机	HF 系列/SJ－Ⅴ系列	

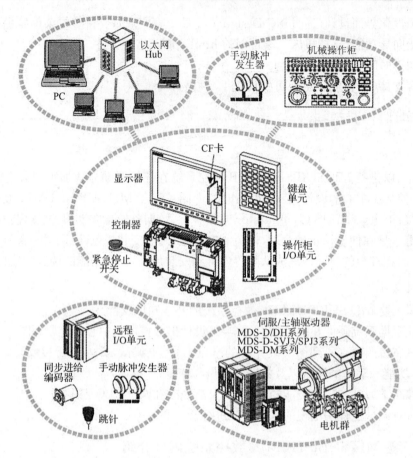

图 4.2.2　三菱 MITSUBISHI M70 数控系统构成

2）系统连接

（1）控制单元的连接

三菱 MITSUBISHI M70 数控单元背面接口如图 4.2.3 所示。

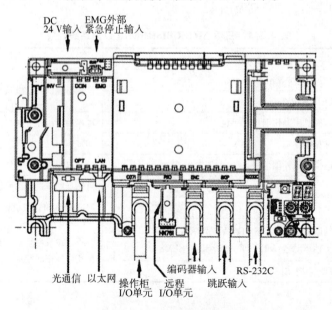

图 4.2.3　三菱 MITSUBISHI M70 数控单元背面接口

①DC24 V 输入(DCIN);

②外部紧急停止输入(EMG):通常将机床操作面板的急停按钮信号接入,不使用时必须连接 EMG 终端电阻;

③光通信接口(OPT):使用专用光纤电缆连接伺服放大器;

④Ethernet 接口(LAN):使用网线进行 PLC 通信、数据服务器操作;

⑤操作柜 I/O 单元接口(CG71):使用专用电缆连接操作柜 I/O 单元;

⑥远程 I/O 单元接口(RIO1):使用专用电缆连接远程 I/O 单元,最多可以连接 8 个站;

⑦编码器输入/5 V 手动脉冲发生器输入(ENC):连接主轴外部编码器(1 通道),一般用于模拟主轴螺纹切削使用/或可连接 5 V 电源的手动脉冲发生器(共 2 通道);

⑧跳跃输入(SKIP):连接跳跃信号,一般应用于对刀仪、程序跳转等功能,共可以接 8 个信号点;

⑨串行通信(RS-232C)接口(SIO):有两个通道。

(2) 操作柜 I/O 单元的连接

M70 系统的 I/O 单元分为操作柜 I/O 与远程 I/O 两种。操作柜 I/O 单元用于机床操作柜,DI/DO 标配 64 点/64 点,最大可搭载 96 点/96 点,占用的站号是固定的,不可更改,所以务必保持 3 个蓝色旋码开关(I/O 板顶端)的出厂设置,即(CS1→0,CS2→1,CS3→6)。

操作柜 I/O 单元如图 4.2.4 所示,主要接口名称及功能如下:

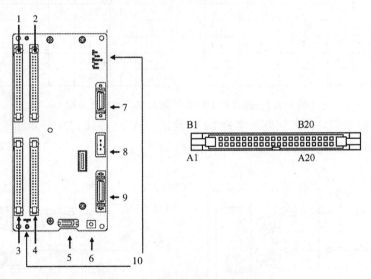

图 4.2.4　操作柜 I/O 单元的接口

1—机械输入(CG31):数字输入 32 点(第 1 站);

2—机械输入(CG33):数字输入 32 点(第 2 站);

3—机械输出(CG32):数字输出 32 点(第 1 站);

4—机械输出(CG34):数字输出 32 点(第 2 站);

5—键盘接口(NCKB):使用专用电缆连接 M70 键盘单元;

6—FG 端子(FG);

7—手动脉冲发生器输入 2ch(5 V,12 V)(MPG):占用 7、8 站号;

8—远程 I/O 单元接口(RIO3):连接远程 I/O 单元,用于 I/O 点数的扩展;

9—控制单元接口(CG71):连接 M70 控制单元;

10—LED。

其中机械输入接口(CG31、CG33)接点的分配和具体地址如图 4.2.5 所示。

CG31							CG33					
	B			A				B			A	
20	I	X200	20	I	X210		20	I	X220	20	I	X230
19	I	X201	19	I	X211		19	I	X221	19	I	X231
18	I	X202	18	I	X212		18	I	X222	18	I	X232
17	I	X203	17	I	X213		17	I	X223	17	I	X233
16	I	X204	16	I	X214		16	I	X224	16	I	X234
15	I	X205	15	I	X215		15	I	X225	15	I	X235
14	I	X206	14	I	X216		14	I	X226	14	I	X236
13	I	X207	13	I	X217		13	I	X227	13	I	X237
12	I	X208	12	I	X218		12	I	X228	12	I	X238
11	I	X209	11	I	X219		11	I	X229	11	I	X239
10	I	X20A	10	I	X21A		10	I	X22A	10	I	X23A
9	I	X20B	9	I	X21B		9	I	X22B	9	I	X23B
8	I	X20C	8	I	X21C		8	I	X22C	8	I	X23C
7	I	X20D	7	I	X21D		7	I	X22D	7	I	X23D
6	I	X20E	6	I	X21E		6	I	X22E	6	I	X23E
5	I	X20F	5	I	X21F		5	I	X22F	5	I	X23F
4		NC	4		NC		4		NC	4		NC
3		COM	3		COM		3		COM	3		COM
2	I	+24 V	2		0 V		2	I	+24 V	2		0 V
1	I	+24 V	1		0 V		1	I	+24 V	1		0 V

图 4.2.5　操作柜 I/O 单元输入接口的地址分配

I/O 单元的数字信号输入回路可实现 24 V 共接、0 V 共接,即 DI 公共端使用 0 V 或 24 V 皆可,其接线方式分别如图 4.2.6 所示。

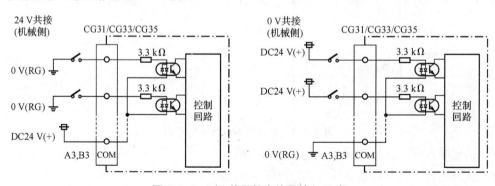

图 4.2.6　I/O 单元数字信号输入回路

其中机械输出接口(CG32、CG34)具体地址分配如图 4.2.7 所示。

CG32					
	B			A	
20	O	Y200	20	O	Y210
19	O	Y201	19	O	Y211
18	O	Y202	18	O	Y212
17	O	Y203	17	O	Y213
16	O	Y204	16	O	Y214
15	O	Y205	15	O	Y215
14	O	Y206	14	O	Y216
13	O	Y207	13	O	Y217
12	O	Y208	12	O	Y218
11	O	Y209	11	O	Y219
10	O	Y20A	10	O	Y21A
9	O	Y20B	9	O	Y21B
8	O	Y20C	8	O	Y21C
7	O	Y20D	7	O	Y21D
6	O	Y20E	6	O	Y21E
5	O	Y20F	5	O	Y21F
4		COM	4		COM
3		COM	3		COM
2	I	+24 V	2		0 V
1	I	+24 V	1		0 V

CG34					
	B			A	
20	O	Y220	20	O	Y230
19	O	Y221	19	O	Y231
18	O	Y222	18	O	Y232
17	O	Y223	17	O	Y233
16	O	Y224	16	O	Y234
15	O	Y225	15	O	Y235
14	O	Y226	14	O	Y236
13	O	Y227	13	O	Y237
12	O	Y228	12	O	Y238
11	O	Y229	11	O	Y239
10	O	Y22A	10	O	Y23A
9	O	Y22B	9	O	Y23B
8	O	Y22C	8	O	Y23C
7	O	Y22D	7	O	Y23D
6	O	Y22E	6	O	Y23E
5	O	Y22F	5	O	Y23F
4		COM	4		COM
3		COM	3		COM
2	I	+24 V	2		0 V
1	I	+24 V	1		0 V

图 4.2.7　操作柜 I/O 单元输出接口的地址分配

I/O 单元的数字信号输出回路根据型号的不同分为漏极（DX7×0）与源极（DX7×1），两种类型公共端的接法不同，需要特别注意，具体接线如图 4.2.8 所示。存在继电器等感应负载时，请务必将二极管（耐压 100 V 以上，100 mA 以上）与该负载并联；存在指示灯等电容负载时，为了限制突入电流，请务必将保护电阻（$R=150\ \Omega$）与该负载串联。

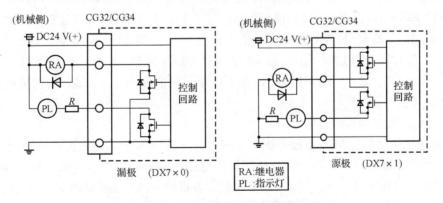

图 4.2.8　I/O 单元数字信号输出回路

（3）远程 I/O 单元的连接

远程 I/O 单元一般用于连接机床外围信号，如限位开关、到位信号、打刀信号等，其 DI/DO 点的电气规格与接线与操作柜 I/O 单元相同。远程 I/O 单元根据输入输出信号的种类及接点数量的不同，有 8 种型号，型号不同接口略有不同，具体接口如图 4.2.9 所示。

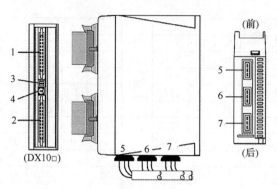

图 4.2.9　远程 I/O 单元的接口

1—机械输入(DI);

2—机械输出(DO);

3—转速切换开关(DS);

4—站号切换开关(CS);

5—远程 I/O 单元接口♯1(RIO1):使用专用电缆连接 M70 控制单元 RIO 接口或操作柜 I/O 单元 RIO3 接口,用作 I/O 点数的扩展;

6—远程 I/O 单元接口♯2(RIO2):使用专用电缆连接下一个远程 I/O 单元的 RIO1 接口,若无下一个 I/O 单元,连接终端电阻 R-TM;

7—DC24 V 输入(DCIN)。

远程 I/O 单元与控制单元或操作柜 I/O 单元可以串联使用,要特别注意远程 I/O 单元上的站号选择拨码开关的设定,以避免 I/O 地址与操作柜 I/O 单元重复。当 M70 控制单元未连接操作柜 I/O 单元,只连接远程 I/O 单元时,最大可以连接 8 个站点,站号为 1~8,对应的拨码旋钮依次设为 0~7。当 M70 控制单元通过操作柜 I/O 单元 DX710/711(64 入/64 出)连接远程 I/O 单元时,由于 DX710/711 已经占据了 1、2、7、8 站点,所以连接的远程 I/O 单元只能使用 3、4、5、6 站点,对应的拨码旋钮依次设为 2~5。当 M70 控制单元通过操作柜 I/O 单元 DX720/721/730/731(96 入/96 出)连接远程 I/O 单元时,由于 DX720/721/730/731 已经占据了 1、2、3、7、8 站点,所以连接的远程 I/O 单元只能使用 4、5、6 站点,对应的拨码旋钮依次设为 3~5。

(4) 伺服/主轴驱动器的连接

目前市场上常用的与 M70 数控系统配套使用的伺服/主轴驱动器主要有三种:首先是单轴型、电阻回生的驱动器 MDS-D-SVJ3/SPJ3,搭配中小容量的电机。其次是单/双轴一体、电源回生的驱动器 MDS-D-V1/V2,可以使用较大容量的电机。还有是四轴一体的经济型驱动器 MDS-DM-SPV3,可以同时连接三个伺服轴和一个主轴。

下面以 MDS-DM-SPV3 为例进行接口和连接介绍,如图 4.2.10 所示,MDS-DM-SPV3 的型号不同,接口完全一致,只是可连接的主轴电机容量不同。

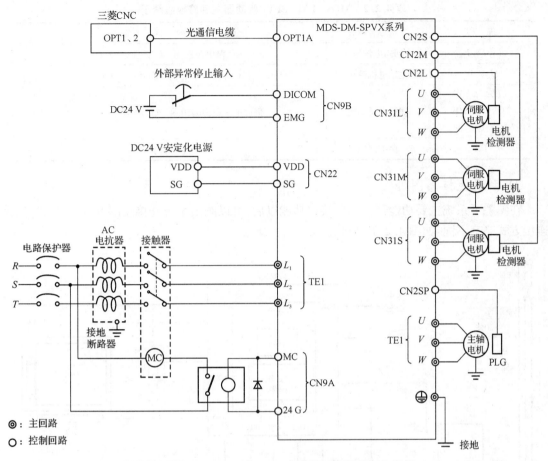

图 4.2.10 MDS‐DM‐SPV3 伺服驱动器的接口和连接

①CN22 接口

与 D 系列其他驱动器不同,MDS‐DM‐SPV×驱动器的控制回路电源是直流 24 V。接线时需要注意,极性错误的话,会导致驱动器烧毁。

②CN9A/CN9B 接口

DI/O 及维修用插头。除了维护时采集驱动器相关数据外,平时 CN9A 接口主要用于外部接触器控制;CN9B 接口主要用于外部急停控制、电机抱闸控制。MDS‐DM‐SPV×驱动器必须使用外部接触器控制,否则驱动器无法上电。

③OPT1A 接口

光缆连接接口,MDS‐DM‐SPV×驱动器只有一个光缆接口,只能连接 M70 数控单元或上一伺服单元。

④CN2SP 接口:连接主轴电机 PLG 反馈线。

⑤CN3SP 接口:连接主轴侧旋转编码器进行主轴定位、刚性攻丝等动作。

⑥CN2L/CN2M/CN2S 接口:分别连接三个伺服电机编码器反馈线。

⑦BTA 接口:连接电池单元,在使用绝对位置控制时,必须连接电池记忆坐标值。

⑧主回路接线端子排:见表 4.2.2 所列。

表 4.2.2　MDS-DM-SPV×驱动器主回路接线端子

简　称	信号名称	内　　容
$L_1.L_2.L_3$	主回路电源输入	主回路电源三相 AC200 V(50 Hz)
$U.V.W$	主轴电机输出	主轴电机电源端子(TE1:$U \cdot V \cdot W$)。
LU.LV.LW MU.MV.MW SU.SV.SW	伺服电机输出	伺服电机电源输出端子(L轴/M轴/S轴)
PE	保护接地	接地端子

3）系统连接总图

在熟悉了系统主要功能部件的各接口功能以后，可以画出系统连接总图，根据配置的不同，连接方式略有不同，如图 4.2.11 所示。

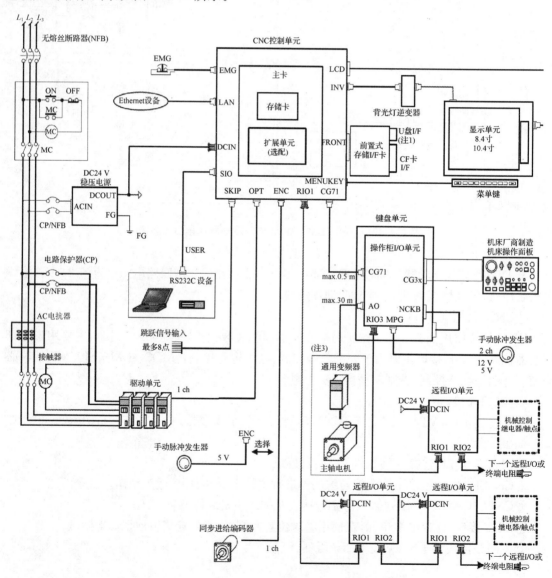

图 4.2.11　三菱 MITSUBISHI M70 数控系统连接总图

4.2.3　三菱 MITSUBISHI M70 数控系统调试

1）系统初始化

在第一次使用三菱 MITSUBISHI M70 数控系统时，首先通过硬件拨码将 NC 内部的数据（SRAM）做一下清除，即系统初始化。数控单元右下方有并排有两个拨码旋钮（见图 4.2.12），左侧的 RSW1 保持"0"不变，在关电的情况下将右侧的 RSW2 拨到"C"，打开 24 V 电源。此时对应的 LED 灯会依次显示"0.8"→"0.0"→"0.1"…"0.8"，当显示为"0.y"时，初始化完成，关闭电源，将RSW2 拨回到"0"。系统初始化后再次上电时的所有画面均为英文显示。

图 4.2.12　数控单元拨码旋钮

2）参数设定

在进行基本参数设定前，首先选择数控系统的类型是加工中心还是车床。在选择了数控系统类型后，就可以根据机床的实际配置进行一些基本参数的设置。相比 M60S/E68/E60 系列数控系统，M70 将最基本的参数进行了归纳，开发了一个"系统设定"画面（如图 4.2.14 所示）。用户可以在这个画面里，通过类似设定向导的方式，对基本参数进行设置，包括显示语言类型、系统数、指令类型、连接的轴数及轴号、电机/编码器类型、电源型号，系统会自动生成相关的基本参数、轴规格及伺服参数、主轴规格及主轴参数。

（1）系统类型选择

①在维护画面中输入密码。依次选择[维护（Mainte）]→[输入口令（Psswd input）]，在设定栏输入"MPARA"，按下 INPUT 键。

②返回维护画面，选择[参数（Param）]。

③选择[参数号（Param number）]，在设定栏输入"1007"后按下 INPUT 键。画面切换至基本系统参数画面（见图 4.2.13），光标移动至"♯1007 System type select（NC 系统类型选择）"位置。

M70A		MEMORY		Monitr	Setup	Edit	Diagn	Mainte
No.	Name		$1		$2		PLC	
1007	System type select		0					
1025	I_plane		2					
1026	base_I		X					
1027	base_J		Y					
1028	base_K		Z					
1029	aux_I		X					
1030	aux_J		Y					
1031	aux_K		Z					
1037	cmdtyp		1					
1073	I_Absm		0					
1074	I_Sync		0					
1075	I_G00		0					

|0|

14:05

◁▷

BaseSys param	BaseAx spec	BaseCom param	Axis spec	Zp-rtn param	Param number	Area copy	Area paste

图 4.2.13　基本系统参数画面

④在设定栏输入"0"或"1"，按下 INPUT 键。（0：加工中心 1：车床）

⑤重启电源。

（2）系统设定

①在维护画面中输入密码（操作步骤如上）；

②选择显示语言：

a. 选择［维护（Mainte）］→［系统设定（System setup）］，进入系统设定画面。系统设定画面如图 4.2.14 所示。

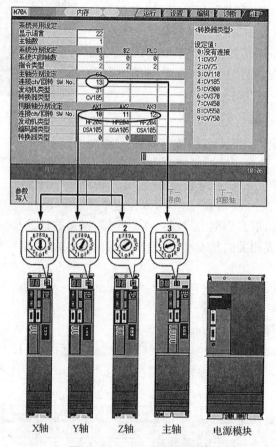

图 4.2.14　"系统设定"画面

b. 在"显示语言（language displayd）"设定显示语言编号。设定"22（简体中文）"后，画面即时更新为中文显示。

③在系统设定画面中，进行主轴与伺服轴设定，设定项目如下：

a. 系统共用设定

主轴数：设定连接的主轴数。相关参数"♯1039 spino（主轴数）"。

b. 系统分别设定

系统内部轴数：设定各系统及 PLC 轴数。相关参数"♯1002 axisno（轴数）"。

指令类型：设定各系统的指令类型。相关参数"♯1037 cmdtyp（指令类型）"。

注：NC 类型为车床时，不同的系统可以设置不同的指令类型。

c. 主轴分别设定

连接 ch/回转 SW No.：使用 2 位数字设定各主轴驱动单元的连接通道及旋转开关编号。

高位:驱动器接口连接通道,低位:旋转开关编号。相关参数"♯3031 smcp_no(驱动器单元接口通道编号)(主轴)"。

发动机类型:设定连接的各主轴电机型号。根据向导显示区域的设定值输入相应的数值。

转换器类型:设定与主轴驱动器直接连接(CN4 接口)的电源单元型号。根据向导显示区域的设定值输入数值。输入的数值将会自动显示为电源的型号。

d. 伺服轴分别设定

连接 ch/回转 SW No.:使用 2 位数字设定各伺服驱动单元的连接通道及旋转开关编号。高位:驱动器接口连接通道,低位:旋转开关编号,相关参数"♯1021 mcp_no(驱动器单元接口通道编号)(伺服)"。

发动机类型:设定连接的各伺服电机型号。根据向导显示区域的设定值输入数值。输入的数值将会自动显示为伺服电机的型号。

编码器类型:设定各伺服电机连接的编码器型号。根据向导显示区域的设定值输入数值。输入的数值将会自动显示为编码器的型号。

转换器类型:设定与伺服驱动器直接连接(CN4 接口)的电源单元型号。根据向导显示区域的设定值输入数值。输入的数值将会自动显示为电源的型号。

④写入参数设定及格式化

在系统设置画面设置完参数后,需要将参数写入数控系统才能生效。

a. 选择[参数写入]。

b. 在出现提示信息"进行参数设定吗?（Y/N）",确认按"Y"或 INPUT 键。

c. 出现提示信息"参数设定结束。格式化吗?（Y/N）",确认按"Y"或 INPUT 键。格式化完成后,出现提示信息"格式化结束"。此时,重启电源。

（3）与机械规格相关的参数设定

除了"系统设定"中设定的参数外,还有一部分与机床机械规格相关的参数,需要手动在参数画面下进行设置。

①在维护画面中输入密码(操作步骤如上)。

②返回维护画面,选择[参数]。设定符合机械规格的各个参数。表 4.2.3 所列参数为最低限度必要参数。

表 4.2.3　与机械规格相关的最基本参数列表

参数类型	参数号	参数意义
基本轴规格参数	♯1013	axisname(轴名称)
轴规格参数	♯2001	rapid(快速进给速度)
	♯2002	clamp(切削进给钳制速度)
	♯2003	smgst(加减速模式)
	♯2004	G0tL(G0 时间常数)
	♯2007	G1tL(G1 时间常数)
伺服参数	♯2201	SV001(PC1 电机侧齿轮比)
	♯2202	SV002(PC2 机械侧齿轮比)
	♯2218	SV018(PIT 滚珠丝杠螺距)

续表 4.2.3

参数类型	参数号	参数意义
主轴规格参数	♯3001	slimt1(极限转速(齿轮:00))
	♯3002	slimt2(极限转速(齿轮:01))
	♯3003	slimt3(极限转速(齿轮:10))
	♯3004	slimt4(极限转速(齿轮:11))
	♯3005	smax1(最高转速(齿轮:00))
	♯3006	smax2(最高转速(齿轮:01))
	♯3007	smax3(最高转速(齿轮:10))
	♯3008	smax4(最高转速(齿轮:11))
	♯3023	smini(最低转速)
	♯3109	zdetspd(Z 相检测速度)

3）PLC 初始化

参数设置完毕后，需要将编写好的 PLC 程序传入 M70 数控系统中。除了使用电脑连接数控系统，通过 GX Developer 软件进行梯形图传输方式外，还可以使用 CF 卡进行传输，当然也可以使用 M70 自带的梯形图编辑器进行 PLC 在线编写。通过 GX Developer 软件进行梯形图传输除了以往的串口通信外，M70 新增了更为稳定安全快速的以太网通信方式，如图 4.2.15 所示。

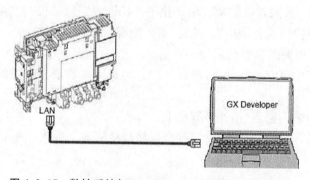

图 4.2.15　数控系统与 GX Developer 软件的以太网通信

（1）GX Developer 通信设定（以太网通信设定）

GX Developer 与 CNC 控制器进行联机操作之前，必须先进行通信传输设定。Ethernet 进行连接时，支持 2 种协议连接方式，即 TCP 协议和 UDP 协议，通常采用 TCP 协议，本文示例均按使用 TCP 协议进行设定。具体协议情况请参照三菱公司相关手册。串行（RS-232C）通信连接说明省略，具体可参见相关手册。

①控制单元与电脑的连接：以太网电缆。

CNC 主机与个人计算机直接连接时，使用交叉网线；CNC 主机与个人计算机通过带有切换/自适应功能的 HUB 连接时，可以使用直连网线，也可以使用交叉网线。

②确认 CNC 主机的 IP 地址

CNC 主机 IP 地址在基本通用参数♯1926、♯1927 中设定。以"192.168.200.1"的情况为例进行说明，如表 4.2.4 所示。

表 4.2.4　CNC 主机 IP 地址相关的通用参数

基本通用参数	参数意义	参数意义	设定示例
♯1926	Global IP address	从外部读取的 CNC 主机的 IP 地址	192.168.200.1
♯1927	Global Subnet mask	♯1926 的子网掩码	255.255.255.0

③设定个人计算机的 IP 地址

安装 GX Developer 的计算机与 NC 主机在同一网段内，即需要在"192.168.200.2"到"192.168.200.254"的范围内设定 IP 地址。同一网段内设备相连时，注意避免 IP 地址重复。非同一网段内还需设定网关。

在电脑侧双击"本地连接"，选择"属性"选项。在"本地连接属性"选项卡中双击"Internet 协议（TCP/IP）"，在选项卡中设定 IP 地址。

④GX Developer 的连接设定

打开电脑侧的 GX Developer 软件，创建一个新工程，在"Online"菜单中选择"TransferSetup"，如图 4.2.16 所示。

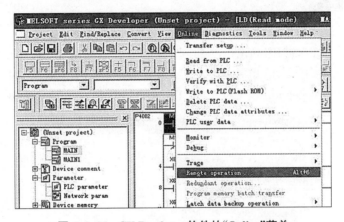

图 4.2.16　GX Developer 软件的"Online"菜单

在"TransferSetup"画面中单击"PC side I/F"的"Ethernet board"。如出现提示"Present setting will be lost on selection of new item. Do you wish to continue?"，选择"是（Y）"。按表 4.2.5 的顺序依次设定以下项目，其他项目请保持初始值，具体操作及界面如图 4.2.17 所示。

表 4.2.5　M7 系列以太网通信设定例

设定项目	连接协议	设定示例
个人计算机的 I/F	接口	Ethernet
	协议	TCP
GX 的 I/F	接口	以太网单元
	单元型号	QJ71E71
	站点编号	1
	IP 地址	设定 CNC 控制的 IP 地址
	路由参数转换方式	自动转换方式
其他站点指定	接口	其他站点（单一网络）

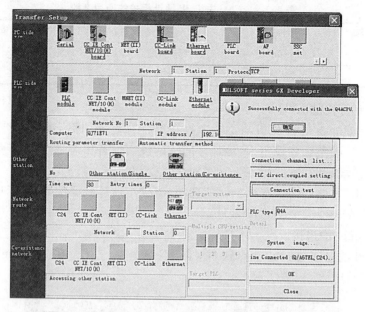

图 4.2.17　GX Developer 软件的"Transfer Setup"画面

双击"PLC side I/F"的"Ethernet module"。在弹出的选项卡中(见图 4.2.18),选择"PLC"类型为"QJ71E71",在 IP 地址里输入"192.168.200.1",单击"OK"。如出现提示"Present setting will be lost on selection of new item. Do you wish to continue?",选择"是(Y)"。

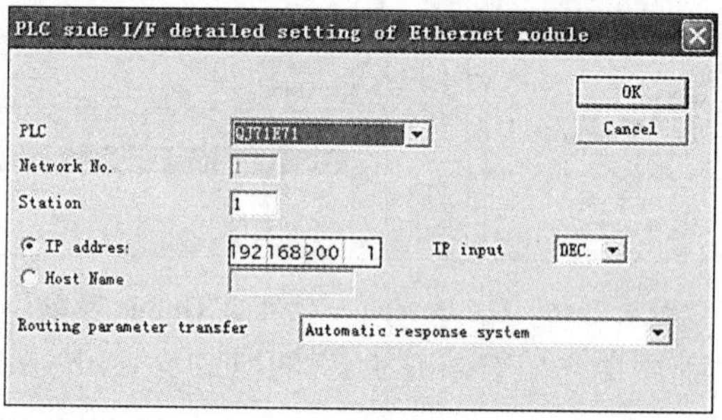

图 4.2.18　"PLC side I/F"的"Ethernet module"选项卡

在"Transfer Setup"画面中(见图 4.2.17),单击"Other station"的"Other station (Single)"。单击"Connection test",出现连接成功信息后,单击"确定"后按"OK",完成连接设定。如连接不成功,请确认网线的连接情况,以及 NC 侧和电脑侧 IP 地址的设定有无异常。

⑤GX Developer 的参数设定

依次双击 GX Developer 项目一览的"Parameter"→"PLC parameter",弹出"QnA Parameter"对话框,见图 4.2.19。在"Device"选项卡中确认:"Inside relay"M:10K;"Retentive timer"ST:64(不带 K)。

选择"PLC system"选项卡,在"Remote reset"选项上勾取"Allow",点击"END"。注意参数设定方法因梯形图程序(单程序/多程序)方式的不同而不同,本章节以单程序方式为例进行介绍,多程序方式请参考三菱相关手册。创建梯形图时如果设定错误,则会发生写入错误。

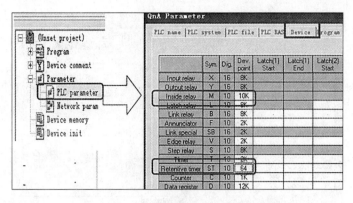

图 4. 2. 19　项目的"PLC parameter"设置

⑥使用 GX Developer 写入 PLC 程序

在"Online"菜单中(见图 4. 2. 16),选择"Write to PLC"。在"Write to PLC"对话框中勾选需要传入 NC 的程序后,单击"Execute"。在写入过程中显示确认的对话框时,全部选择"是"。此时 NC 画面上会提示梯形图未保存,断电后 PLC 程序不会被保存,所以必须进行 ROM 写入动作。

在"Online"菜单中选择"Romote operation"。选择"Remote operation"对话框"Operation"项目下拉菜单中的"PAUSE",单击"Execute",如图 4. 2. 20 所示。通过"PAUSE"操作,系统自动执行 NC 的 ROM 写入动作。ROM 写入结束后,会出现"Completed"信息。

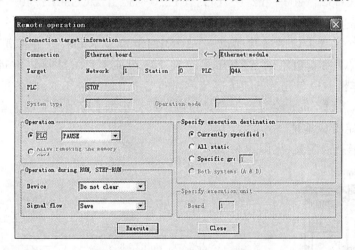

图 4. 2. 20　"Romote operation"选项卡

(2) I/O 地址检查

①输入信号的确认

在 NC 的诊断画面中选择"I/F 诊断"。在 I/F 诊断画面下(见图 4. 2. 21),根据实际连接的 I/O 地址,确认信号是否正确的 ON/OFF。对于输出的确认可以使用强制的方式。

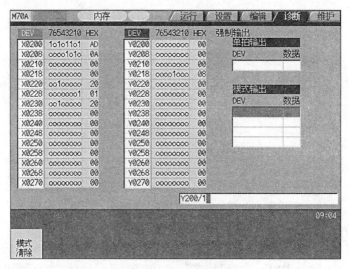

图 4.2.21　I/F 诊断画面

②I/O 地址分配

I/O 系统分为操作面板 I/O(基本 I/O)和远程 I/O,硬件连接方式不同,I/O 地址也不同。

操作柜 I/O 单元的 I/O 地址为固定地址,视其具体型号看有无 CG35/CG36 接口,数字输入接口及其地址为 CG31(X200～X21F)/CG33(X220～X23F)/CG35(X240～X25F),数字输出接口及其地址为 CG32(Y200～Y21F)/CG34(Y220～Y23F)/CG36(Y240～Y25F),见上节硬件接口与连接中的图。

系统提供三个远程 I/O 的链接通道——RIO1、RIO2 及 RIO3,选用通道不同,I/O 地址不同,可以使用的 I/O 站点数不同。RIO1 接口在 NC 单元上,RIO2 接口在远程 I/O 单元上,RIO3 接口在操作柜 I/O 单元上。除了连接不同的接口 I/O 地址不同,在各远程 I/O 单元上还有 1 个旋转开关,拨码不同也会导致 I/O 地址的不同。根据实际情况对照上章的硬件及连接知识及下图正确设定 I/O 地址。

a. RIO3 的链接及定义(见图 4.2.22)

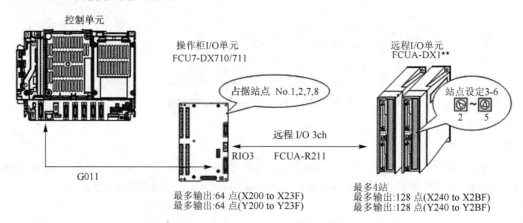

图 4.2.22　M70 RIO3 的链接及定义

b. RIO1/RIO2 的链接及定义(见图 4.2.23)

图 4.2.23 M70 的 RIO1/RIO2 的链接及定义

总结 RIO3 和 RIO1/RIO2 的链接及定义,I/O 系统的地址分配如下表所示。

表 4.2.6 远程 I/O 地址分配

旋转开关编号	输入装置编号	输出装置编号	输入装置编号	输出装置编号	输入装置编号	输出装置编号
	RIO 通道 1	RIO 通道 1	RIO 通道 2	RIO 通道 2	RIO 通道 3	RIO 通道 3
0	X00—X1F	Y00—Y1F	X100—X11F	Y100—Y11F	X200—X21F	Y200—Y21F
1	X20—X3F	Y20—Y3F	X120—X13F	Y120—Y13F	X220—X23F	Y220—Y23F
2	X40—X5F	Y40—Y5F	X140—X15F	Y140—Y15F	X240—X25F	Y240—Y25F
3	X60—X7F	Y60—Y7F	X160—X17F	Y160—Y17F	X260—X27F	Y260—Y27F
4	X80—X9F	Y80—Y9F	X180—X19F	Y180—Y19F	X280—X29F	Y280—Y29F
5	XA0—XBF	YA0—YBF	X1A0—X1BF	Y1A0—Y1BF	X2A0—X2BF	Y2A0—Y2BF
6	XC0—XDF	YC0—YDF	X1C0—X1DF	Y1C0—Y1DF		
7	XE0—XFF	YE0—YFF	X1E0—X1FF	Y1E0—Y1FF		

(3) PLC 参数设定

PLC 中有部分位参数是与 PLC 规格有关的,需要在使用前进行设置,称之为 PLC 参数。这些参数是与 PLC 中的固定 R 寄存器的位相互对应的。在维护画面中选择"位选择"项目。设定位选择参数♯6449～♯6452。各参数内容请参考表 4.2.7。

表 4.2.7 与位参数相关 PLC 参数

	符号名	7	6	5	4	3	2	1	0
0	#6449 R7824 L	控制单元温度报警有效	—	—	—	计数器C保持	累加定时器ST保持	PLC计数程序有效	PLC定时程序有效
1	#6450 R7824 H	—	—	—	—	—	操作信息有效	R方式 1 / F方式 0	报警信息有效
2	#6451 R7825 L	—	—	串行GPP通信有效	—	—	—	—	在线编辑有效
3	#6452 R7825 H	—	—	—	—	—	—	—	—

(4) 基本动作和功能的确认

PLC 参数设置完成,确认无报警后,机床可以进行简单的移动调试,具体包括:

①手轮进给模式下,确认各轴机械的移动方向与移动量是否正确。

②JOG 进给模式下,将手动进给速度设为 100,选择轴进行连续移动,与手轮移动时执行同样的确认。

③参考点设定。轴移动确认正常后,需要对机床建立坐标系,进行机床参考点的设定。

④存储行程极限设定。存储行程极限通过参数或程序指令设定每个轴能移动距离的最大值和最小值。

⑤主轴动作确认。包括主轴手动功能以及 MDI 方式下主轴运行状态,确认主轴旋转动作及转速是否正确。

初始化设定完成后,机床可以执行基本动作。但伺服参数与机械特性不一定匹配,有可能会使机床产生共振,或者出现加工结果不好等现象,因此需要进行伺服优化。在 4.2.4 节介绍三菱专用伺服调整软件 MS Configurator 的使用,用 MS Configurator(A5 版)进行伺服优化。

4.2.4　三菱 MITSUBISHI M70 数控系统软件设计与调试

1) PLC 开发编程软件 GX Developer 的使用

三菱 CNC 使用三菱综合 FA 软件 MELSOFT 系列(GX Developer)作为用户 PLC 开发环境,GX Developer 是三菱可编程控制器 MELSEC 系列 PLC 的开发工具。通过与 MELSEC (FX/Q)系列相同操作,可以开发出用于 MELDAS(CNC)系列的顺控程序。对于 M7/C70 顺控程序的开发,推荐使用 GX Developer Version 8(SW8D5C - GPPW)版。

(1) GX Developer 的安装及操作

①GX Developer 软件的安装

通过个人计算机使用 GX Developer 开发软件或数控系统 PLC 在线编辑功能,可以输入或创建用户 PLC 程序。个人计算机和 CNC 控制单元可以通过更为稳定安全快速的以太网通信方式或传统的 RS - 232C 串口通信连接。通过计算机中的"GX Developer"开发工具可以完成大部分 PLC 开发工作,要将编写好的 PLC 程序传入 M70 数控系统中,除了使用上述电脑连接数控系统,通过 GX Developer 软件进行梯形图传输方式外,还可以使用 CF 卡进行传输,数控机床 PLC 开发环境配置如图 4.2.24 所示。

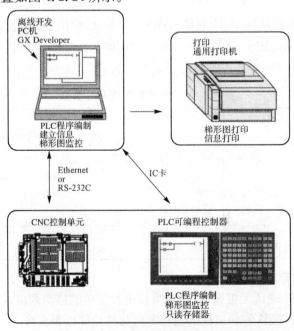

图 4.2.24　数控机床 PLC 开发环境配置

在个人计算机中安装 GX Developer 主软件之前,需先安装 GX Developer 环境。根据提示进入 EnvEML 文件夹并执行此文件夹中的 SETUP. EXE 安装运行环境,安装完 GX Developer 环境后,再在 GX Developer 安装软件根目录下再执行 SETUP. EXE。若已安装过 GX Developer 环境,则直接安装 GX Developer 主软件。

GX Converter 是 GX Developer 的附加组件,旧机种格式(PLC4B)所开发完成的梯形图程序,以及通用文字编辑软件或是表计算工具软件所编辑的文档,都可以通过 GX Converter 转换为 GX Developer 可以编辑的格式,用户可以根据自己需要选择是否安装 GX Converter 程序。

②PLC 以太网通信准备

GX Developer 与 CNC 控制器的通信传输设定参见前述内容。

a. 确认 CNC 主机的 IP 地址;

b. 设定个人计算机的 IP 地址;

c. 以太网电缆;

d. GX Developer 的连接设定。

③GX Developer 软件的注意事项

使用 GX Developer 开发顺控程序前,注意以下事项:

a. PLC 类型的选择和 I/O 点数设置

新建顺控程序,需要先设定 PLC 类型和 I/O 点数,CPU 类型请选择"Q4A"。若选择其他类型,传输顺控程序时将发生错误。装置点数未设或设定错误,无法向 CNC 控制器传输顺控程序。

b. PLC 指令

开发用于 CNC 的顺控程序中,不支持 MELSEC 特殊 PLC 指令。只能使用相当于"II PROGRAMMING EXPLANATION"的 PLC 指令和格式。此外,部分指令格式有变动。具体请参阅"GX Developer 中的可用指令列表"。

c. 顺控程序的保存(见图 4.2.25)

M7 系列 CNC 将 PLC 数据保存在内置闪存 ROM(以下称内置 F - ROM)中。从 GX Developer 和 PLC 联机操作传输到 CNC 控制器中的顺控程序将被保存在缓存中。电源 OFF 后,缓存区即被消除。因此,顺控程序必须写入内置闪存 ROM 中。M7 PLC 程序写入 ROM 内的操作方法见上文相关章节。

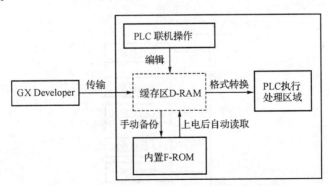

图 4.2.25　M7 系列数控系统 PLC 程序的保存

d. NC 相关参数

参数♯6451.5 是 NC 与 GX Developer 相互通信关联的位选择参数,如果未设定合适的参数,与 GX Developer 的通信中将发生错误。参数♯6451.5＝1:GX Developer 串行通信有效;

0：GX Developer 串行通信无效(即参数♯6451 设定为(0 0 1 0 0 0 0 0))。♯6451 对应文件寄存器 R7825 的低位。

④GX Developer 基本操作和使用

a. PLC 顺控程序文件名(见表 4.2.8)

CNC 数控系统内,顺控程序和信息数据等按照分类进行管理和保存。使用 GX Developer 或 PLC 联机操作存储程序时,通过文件名区分数据种类。PLC 程序、参数、装置注释的文件名可使用除扩展名外 8 个字符以内的半角英文数字以及连字符(-)和下划线(_)。扩展名将自动添加,表示文件种类。

Y x x x x x x x . W x x

W x x：扩展名,表示文件种类,由 GX Developer 或 PLC 联机操作自动添加。

x x x x x：任意字符串

Y：预留字符串或任意字符串。首字符表示数据种类,有时可能已被预留。例如,文件名开头为"H"情况时,表示已在 NC 中被预留,请勿使用该组合的文件名。

表 4.2.8　顺控程序、参数、装置注释一览

	数据分类	数据种类	文件名	可存储数	备注
1	顺控程序	高速处理	H+[任意字符串]. WPG	合计 32 个	执行类型(扫描)
		主处理	[任意字符串]. WPG		执行类型(扫描)
		初始化处理	[任意字符串]. WPG		执行类型(初始)
		待机处理	[任意字符串]. WPG		执行类型(待机/低速)※1
2	参数	PC 参数	PARAM. WPA(固定)	1 个	
		网络参数			
3	装置注释	共同注释	COMMENT. WCD(固定)	合计 10 个	所有顺控程序共用
		分程序注释	[任意字符串]. WCD		用于同名的顺控程序

b. 新建工程

工程是指顺控程序、装置注释、PLC 信息数据以及参数的集合。GX Developer 中只能对 1 个工程单位进行编辑。需要对 2 个以上的项目进行编辑时,需开启多个 GX Developer。工程结构及相关说明如图 4.2.26 及表 4.2.9、表 4.2.10 所示。

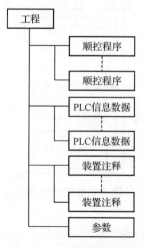

图 4.2.26　工程结构

表 4. 2. 9　工程结构说明

项目	内容
顺控程序	三菱 CNC 使用的顺控程序(用户 PLC)
PLC 信息数据	报警信息和 PLC 开关等信息
装置注释	针对顺控程序使用装置的注释。在工程中有通用的"共同注释"和因程序而异的"分程序注释"2 种
参数	设定装置的使用范围和顺控程序的执行顺控等

表 4. 2. 10　装置注释说明

注释种类	可创建数	内容
共同注释	1 条	项目中存在的程序通用的装置注释
分程序注释	与程序数相同	各程序分别设定的装置注释。必须与程序名设定为相同的名称

在 GX Developer 软件菜单中点击[工程 Project]→[新建工程 New Project],启动操作界面(见图 4. 2. 27)。在如下界面中新建工程时,需要设定 PLC 系列、PLC 类型以及工程名称。

图 4. 2. 27　新建工程

在"PLC series"处选择"CNC(M6/M7)"或"QnACPU"。选择其中任意一个内容均相同。GX Developer Ver8. 23Z 之后的版本可选择"CNC(M6/M7)"。在"PLC Type"处设定为"Q4A"。程序种类和标签设定处,保持初始值设定。工程名和标题可用半角英文数字或全角字符。

c. PLC 参数设定、写入与读取

在 GX Developer 中开发 CNC 用顺控程序时,需要对 GX Developer 进行参数设定。必要的参数设定项目如下:

● 装置点数的设定;

● 公共指针点数的设定(多程序方式);

● 程序执行顺控的设定(多程序方式)。

在"Project data list"窗口,双击数据"PLC 参数标签",弹出 PLC 参数设定窗口界面,进行装置点数的设定(见上文 PLC 初始化中图和相关文字部分)。公共指针点数的设定及程序执行顺控的设定参见相关手册。

在 GX Developer[Online]菜单的[Write to PLC]和[Read from PLC]中进行 CNC 控制器中写入和读取参数,同样可以进行 PLC 顺控程序的写入和读取。

d. CNC 控制 PLC 的启动/停止

在 GX Developer 的[Online]→[Remote operation],在相应界面中设定"STOP"或"RUN",点击[Execute]。

e. 顺控程序的监控

选择并显示需要监控的程序,将光标移动至所需监控回路。按以[Online]→[Monitor]→[Monitor mode]进行监控。

(2) PLC 基本概念

①PLC 程序的处理级别和操作

PLC 程序的处理级别分为初始化处理程序、高速处理程序和主处理程序三个级别,如表 4.2.11 所示。当 PLC 标准中断信号为 3.5 ms 时,处理程序的运行时序如图 4.2.28 所示。

表 4.2.11　PLC 处理级别

程序名	内容(周期、级别等)
初始化处理程序	只在接通电源时启动 1 次 此程序运行时,机床输入和操作面板输入将不被读入
高速处理程序	按照标准插入信号周期性启动 周期性运行的程序中级别最高的程序 用于要求高速性的信号处理 高速处理程序的步进数在基本指令中请设定为 1 000 步左右 (例)转塔、ATC 刀具库的位置计数器控制 (注意)标准插入信号的周期因机型而异,请另行确认
主处理程序	除高速处理程序的处理过程以外,进行恒定处理 完成用户 PLC 的 1 次扫描后,以下一次标准插入信号周期开始扫描处理

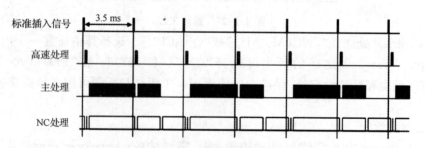

图 4.2.28　PLC 处理程序的运行时序图

三菱 CNC70700 系列的程序管理方式除了传统的单个程序的方法外,另有按照不同的控制单位分割为多个程序的方法。分割为多个程序时,可以在设定画面中指定各分割程序的运行顺序,称其为多程序功能。图 4.2.29 为其示例。

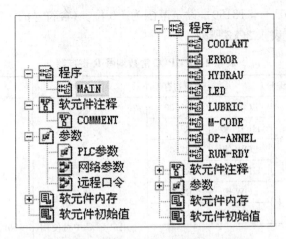

图 4.2.29　单程序方式/多程序方式示例

单程序方式与以往机型相兼容,可以保存的顺控程序为 1 个。运行类型及其处理的起始位置通过预约标签进行指定,无法在设定界面中指定运行类型以及运行顺序。

- 初始化处理(预约标签 P4003):接通电源时只启动 1 次;
- 高速处理(预约标签 P4001):按标准插入周期启动;
- 主处理(预约标签 P4002):除高速处理状态以外恒定启动。

单程序用户存储区的简要构成和大小如图 4.2.30 所示,其构成与大小因程序方式而异。

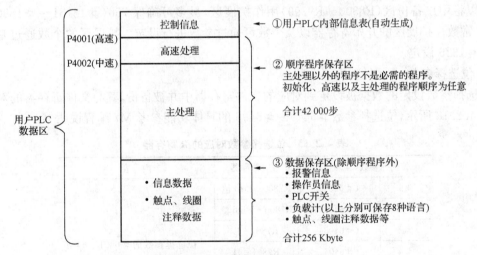

图 4.2.30　单程序用户存储区

②输入与输出点的地址分配和连接参见前面相关章节。

③M7 系列 PLC 指令及其应用参见三菱相关手册。

④PLC 参数

用户 PLC 可使用的参数包括数据类型中设定的 PLC 常数和在位类型中设定的位选择参数。

a. PLC 常数

PLC 常数分为基本区和扩展区。在基本区中,设定的数据将被设定到文件寄存器中并保存。如果用顺控程序的 MOV 指令等,将数据设定到与 PLC 常数对应的文件寄存器中,数据也将被保存。但显示保持原样,不发生变化。因此需先切换到其他画面,然后重新选择画面。基

本区个数 150 个(♯18001～♯18150),设定范围为±8 位。(含符号的 4 字节二进制数据),PLC
常数编号 R 寄存器对应表 4.2.12 所列。

表 4.2.12　PLC 常数编号 R 寄存器

项目(♯编号)		对应寄存器	内　容	设定范围
PLC 常数♯1 (♯18001)	LOW 侧	R7500		
	HIGH 侧	R7501		
PLC 常数♯2 (♯18002)	LOW 侧	R7502		
	HIGH 侧	R7503		
PLC 常数♯3 (♯18003)	LOW 侧	R7504	用户 PLC 中可使用 数据类型的参数	−99999999～99999999 (含符号的 8 位整数)
	HIGH 侧	R7505		
...	...	...		
PLC 常数♯148 (♯18148)	LOW 侧	R7794		
	HIGH 侧	R7795		
PLC 常数♯149 (♯18149)	LOW 侧	R7796		
	HIGH 侧	R7797		
PLC 常数♯150 (♯18150)	LOW 侧	R7798		
	HIGH 侧	R7799		

可以将用户备份区(R8300～R9799)用作扩展区,最多可确保 750(♯18151～♯18900)点
的 PLC 常数。扩展区的开始寄存器以及个数可通过参数进行设定。扩展区的个数通过基本通
用参数♯1326 设定。

b. 位选择参数

位选择参数设定的数据被设定到对应的文件寄存器中并被备份,其与文件寄存器的对应关
系如表 4.2.13 所示,位选择参数♯6449～♯6496 的具体功能参考 M7 编程说明书。

表 4.2.13　位选择参数对应的 R 寄存器

位选择参数(♯编号)		对应寄存器	内　容
♯1	(♯6401)	R7800 - Low 侧	
♯2	(♯6402)	R7800 - High 侧	
♯3	(♯6403)	R7801 - L	位选择参数的♯6401～6448 可自由使用
♯4	(♯6404)	R7801 - H	
...	...	...	
♯47	(♯6447)	R7823 - L	
♯48	(♯6448)	R7823 - H	
♯49	(♯6449)	R7824 - L	
♯50	(♯6450)	R7824 - H	位选择参数的♯6449～6496 作为 PLC 的动作参数,由机床 制造商和本公司使用。内容固 定不变
...	...	...	
♯95	(♯6495)	R7847 - L	
♯96	(♯6496)	R7847 - H	

位选择参数(♯编号)		对应寄存器	内　容
♯97	(♯6497)	R7848-L	
♯98	(♯6498)	R7848-H	位选择参数的♯6497~6596
…	…		可自由使用
♯195	(♯6595)	R7897-L	
♯196	(♯6596)	R7897-H	

⑤装置和装置编号

装置是指用于区分 PLC 处理信号的地址符号,装置 X、Y、SB、B、SW、W、H 的装置编号以16 进制表示,其余装置的装置编号以 10 进制表示。

a. 输入输出 X 和 Y 是 PLC 与外部设备或 CNC 之间进行通信的窗口。

b. 内部继电器、锁定继电器是 PLC 内部的辅助继电器,不能直接输出到外部。

内部继电器 M 在关闭电源时,即被清除。内部继电器 F 是报警信息显示的接口。是否用于报警信息的接口通过位选择参数进行选择,可选对象是 F0~F1023 的全部。不用作报警信息接口时,可与内部继电器 M 一样使用。锁定继电器 L 即使关闭电源,仍将保持以前的状态。

c. 连接用特殊继电器 SB,连接用特殊寄存器 SW。

d. 连接继电器 B,连接寄存器 W。

e. 特殊继电器 SM,特殊寄存器 SD。

f. 计时器 T 及累计计时器 ST:分为 100 ms 型和 10 ms 型两种,通过使用的指令区分。

g. 计数器 C。

h. 数据寄存器 D:用于保存 PLC 中数据的存储器。

i. 文件寄存器 R:与数据寄存器相同,也是用于保存数据的存储器,分为固定用途型和开放型两种。

j. 十进制常数 K 及十六进制常数 H。

(3) PLC 在 CNC 上的应用

PLC 是数控系统为机床制造厂提供的一个开发平台,其任务是控制机床明确而详细的功能和顺序。机床制造厂利用数控系统提供的 PLC 开发工具,可以设计数控机床的各种控制功能,如冷却控制、润滑控制、刀库和机械手的控制以及各种辅助动作的控制。

①接口信号

数控系统内置 PLC 与标准 PLC 产品不同之处是在数控系统内置 PLC 中增加了与数控系统进行信息交换的数据区,这个数据区称为接口信号。数控系统中 PLC 的信息交换是指以 PLC 为中心,在 CNC、PLC、机床三者之间的信号传递处理过程,如图 4.2.31 所示。

信号接口中的信号内容是数控系统明确定义,信号接口中信息量的大小是数控系统开放性的一种具体表现,也是衡量数控系统控制功能强弱的依据。三菱 M70 系列常用 PLC 信号如表 4.2.14 所示。

图 4.2.31　PLC 的信息交换示意图

表 4.2.14　常用 PLC 接口信号列表

信号地址	信号名称	信号地址	信号名称
X2F0	操作盘复位输入	YC0A	在线运转模式(计算机连接 B)
X707	电源断开处理中	YC0B	MDI
X70E	电池警告	YC10	循环启动
X70F	电池报警	YC11	进给暂停
X750	紧急停止中	YC12	单程序段
X780~783	伺服准备就绪第 1~4 轴	YC15	空运行
X7A0~7A3	轴选择输出第 1~4 轴	YC18/C19	NC
X7C0~7C3	轴移动中＋第 1~4 轴	YC1A	复位 & 回退
X7E0~7E3	轴移动中一第 1~4 轴	YC1E/C1F	辅助功能结束 1/2
X800~803	第 1 参考点到达第 1~4 轴	YC20	刀具长度测定 1
X8C0~8C3	原点初始设定完成第 1~4 轴	YC26	快速进给
X940~943	速度到达第 1~4 轴	YC28	手动绝对
X9E0~9E3	参考点确立第 1~4 轴	YC2C	PLC 紧急停止
XA00~A03	参考点返回方向第 1~4 轴	YC2D	参考点返回
XC98~C9B	NC 报警 1~3	YC40~YC44	第 1 手轮编号
X188B	主轴警告中	YC46	第 1 手轮有效
X188C	主轴零速度	YC58	倍率取消
X188D	主轴速度到达	YC59	手动倍率选择方式
X188E	主轴就位	YC60~YC64	切削进给倍率
X1890	主轴就绪 ON	YC67	切削进给倍率数值设定方式
X1891	主轴伺服 ON	YC68/C69	快速进给倍率 1/2
X1892	主轴紧急停止中	YC70~C74	手动进给速度
R0	模拟信号输入	YC77	手动进给速度数值设定方式
R504/505	M 代码数据 1	YC80~YC82	手轮/增量进给倍率
R512/513	S 代码数据 1	Y1888~188A	主轴倍率
R536/537	T 代码数据 1	Y188F	主轴倍率数值设定方式
R6372~6379	用户宏程序输入	Y1890/1891	主轴齿轮选择输入
R6500/6501	主轴指令转速输入	Y1894	主轴停止
Y708~70A	数据保护键 1~3	Y1896	主轴定位
Y730~731	显示切换 $1 & $2	Y1898	主轴正转
Y820~823	自动互锁＋第 1~4 轴	Y1899	主轴反转
Y840~843	自动互锁一第 1~4 轴	Y18A9	主轴选择
Y860~863	手动互锁＋第 1~4 轴	R200	模拟输出
Y880~883	手动互锁一第 1~4 轴	R248	OT 忽略(1~16 轴)
Y8A0~8A3	自动机床锁定第 1~4 轴	R364	机床参数锁 I/F
Y8C0~8C3	手动机床锁定第 1~4 轴	R424~434	PLC 窗口
Y8E0~8E3	进给轴选择＋第 1~4 轴	R2500	第 1 切削进给倍率
Y900~903	进给轴选择一第 1~4 轴	R2501	第 2 切削进给倍率

信号地址	信号名称	信号地址	信号名称
Y920~923	手动/自动同时有效第 1~4 轴	R2502	快速进给倍率
Y960~963	原点初始设定模式第 1~4 轴	R2504	手动进给速度
Y980~983	原点初始设定启动第 1~4 轴	R2508	第 1 手轮/增量进给任意倍率
YA40~A43	参考点返回第 1~4 轴	R2556~2559	报警信息接口
YC00	寸动模式	R2560	操作员信息接口
YC01	手轮模式	R6436~6443	用户宏输出
YC02	增量模式	R7000/7001	主轴指令转速输入
YC04	参考点返回模式	R7002	主轴指令选择
YC08	程序运转模式(内存模式)		

②PLC 在 CNC 上的应用程序介绍

a. 操作模式部分

加工时,会针对加工物件来决定加工程序的来源。当加工物体的形状较简单,如只做钻孔、攻牙、镗孔时,可能由控制器的内存作程序的存取及选择。当加工形状较复杂时,如果要做模具加工,可能会选择纸带模式(RS232 传输)。对于只是暂时性的加工,有可能会以手动输入程序的方式(MDI),并只将程序放在暂存区域。

操作模式选择开关及其 I/O 地址分配如图 4.2.32 所示,现分别介绍纸带、记忆、手动输入(MDI)的 PLC 编程。

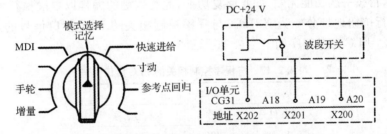

图 4.2.32 操作模式选择开关及其接线地址分配

各操作模式对应的输入点状态信号见表 4.2.15 所示。

表 4.2.15 与操作模式相关的 PLC 接口信号

	X202	X201	X200
TAPE(纸带)	0	0	0
AUTO(记忆)	0	0	1
MDI(手动输入)	0	1	0
HAND(手轮)	0	1	1
JOG(寸动)	1	0	0
RPD(快速进给)	1	0	1
ZRN(参考点回归)	1	1	0

与操作模式相关的 PLC 接口信号的地址和说明见表 4.2.16 所示。

表 4.2.16 PLC 接口信号的地址和说明

PLC→NC			NC→PLC		
软元件号	简称	信号名称	软元件号	简称	信号名称
YC09	T	纸带模式	XC09	TO	纸带模式中
YC08	MEM	记忆模式	XC08	MEMO	记忆模式中
YC0B	D	MDI 模式	XC0B	DO	MDI 模式中

关于操作模式的 PLC 参考程序如图 4.2.33 所示。

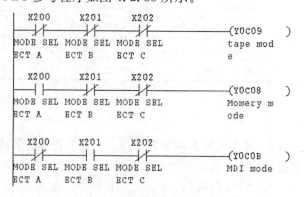

图 4.2.33 关于操作模式的 PLC 参考程序

b. 程序控制部分——以单段(单节)执行为例

程序控制功能中,单段(单节)执行、单段(单节)删除、空运行等功能按钮为乒乓按键,即按一次功能有效,再按一次功能无效,如此反复切换,此类按键的编程以单段执行为例进行介绍,本例中单段执行按钮地址分配为 X21D。与程序控制相关的 PLC 接口信号的地址和说明如表 4.2.17 所示。PLC 参考程序如图 4.2.34 所示。

表 4.2.17 与程序控制相关的 PLC 接口信号

PLC→NC		
软元件号	简称	信号名称
YC12	SBK	单节执行
YC37	BDT1	可选程序段跳跃 1
YC15	DRN	空转

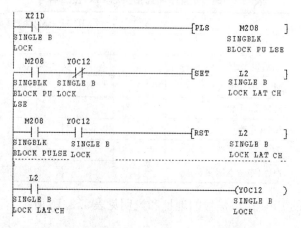

图 4.2.34 单段执行按钮的 PLC 参考程序

c. M 代码的应用

在 CNC 中,自动运行(MEMORY,MDI,TAPE)或手动数值指令输出的 M、S 指令后,CNC 将 M 代码数据 n(BCD)和 M 代码触发信号 MFn 输出到 PLC(机床)侧。PLC 确认辅助功能选通信号 MF 信号打开,读取 M 代码数据并执行规定的动作后,打开辅助功能结束信号 FIN1。CNC 侧确认 FIN1 已被打开,关闭 MF。在 PLC(机床)侧,确认 MF 已被关闭,关闭 FIN1。CNC 侧确认 FIN1 已关闭后向下一程序段前进。各步时序如图 4.2.35 所示。

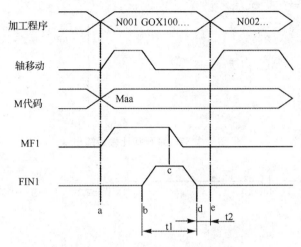

图 4.2.35 M 代码的执行时序

与 M 功能相关的 PLC 接口信号的地址和说明如表 4.2.18 所示。

表 4.2.18 与 M 功能相关的 PLC 接口

软元件号	简称	信号名称	备注
YC1E	FIN1	辅助功能结束 1	PLC→NC 接口信号
XC60	MF1	辅助功能选通信号 1	NC→PLC 接口信号
R504		M 代码数据 1	
Y22B		冷却液开	输出信号

根据 M 代码的执行时序,M8/M9 冷却液开/关的控制程序详细示例如图 4.2.36 所示。

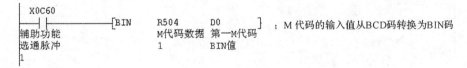

图 4.2.36 M 代码值的转换

经过以上转换后,后面的应用中可以用[＝K(M 码)D0]来进行比较,即 BCD 码和 BIN 码进行比较(见图 4.2.37、图 4.2.38)。

```
 X0C60
──┤├───[= K8   D0 ]─────────────(M8)──┤
辅助功能                第一M代码      冷却液开
选通脉冲               BIN值
1

 X0C60
──┤├───[= K9   D0 ]─────────────(M9)──┤
辅助功能                第一M代码      冷却液关
选通脉冲               BIN值
1

  M8      M9     X227
──┤├──────┤/├─────┤/├──────────────(Y22B)──┤
冷却液开  冷却液关  *紧急停止          冷却液输
                  开关              出

 Y22B
──┤├──┤
冷却液输
出
```
; M 代码输入进行比较后输出
; M8、M9为辅助接点输出

; M8 作为冷却液开（Y22B=1）
; M9 作为冷却液关（Y22B=0）

图 4.2.37 M 代码比较后输出

```
  M8      Y22B
──┤├──────┤/├──────────────────────(M120)──
冷却液开  冷却液输                      M代码FIN
        出                          1,M0～9


  M9      Y22B
──┤├──────┤├───────────────────────
冷却液关  冷却液输
        出
```
;M 码的完成动作

图 4.2.38 M 代码动作完成

M 码输出完成动作,并考虑 S 码及 T 码输出完成动作后,辅助功能结束。程序参考如图 4.2.39 所示。

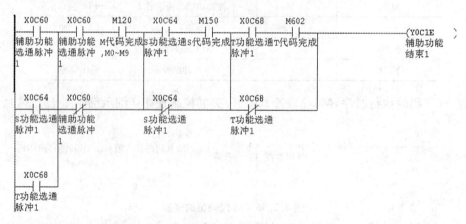

图 4.2.39 辅助功能结束

④数控机床 PLC 程序设计步骤

现代数控系统中 PLC 都是全面开发的,用户可以根据应用场合和相应的加工工艺要求设计控制软件,总的来说,数控机床 PLC 程序设计步骤如下:

a. 熟悉 PLC 硬件配置及指令系统

不同型号 PLC 具有不同的硬件组成和性能指标,它们的基本 I/O 点数和扩展范围、程序存储容量往往差别很大。因此,在 PLC 程序设计之前,要对所用 PLC 型号,硬件配置(如内装型

PLC 是否要增加 I/O 板,通用型 PLC 是否要增加 I/O 模板等)作出选择。

b. 制作接口信号文件

需要设计和编制的接口技术文件有:输入和输出信号电路原理图、地址表、PLC 数据表。这些文件是制作 PLC 程序不可缺少的技术资料。梯形图中所用到的所有内部和外部信号、信号地址、名称、传输方向,与功能指令有关的设定数据,与信号有关的电器元件等都反映在这些文件中。编制文件的人员除需要掌握所用 CNC 装置和 PLC 控制器的技术性能外,还需要具有一定的电气设计知识。

c. 绘制流程图、时序图

设计人员应在仔细分析机床动作原理和动作顺序的基础上,用流程图、时序图等描述信号与机床运动时间的逻辑顺序关系,正确的流程图和时序图的绘制是梯形图设计成功的基础和保证。

d. 设计梯形图

PLC 程序中包含了机床动作的执行过程,以及执行动作所需的条件,它表明了指令信号、检测元件与执行元件之间的全部逻辑关系。一个设计得好的梯形图除要满足机床控制的要求外,还应具有较少的步数、易于理解的逻辑关系及完备的注释。

e. PLC 应用程序的调试与确认

PLC 应用程序的调试就是要检查所设计的功能是否可以正确无误地运行,可以分为模拟调试和现场调试两步,模拟调试一般在实验室进行,主要检查程序逻辑的正确性,实际的输入信号可以用钮子开关和按钮来模拟,各输出量的通/断状态用 PLC 上有关的发光二极管来显示。在模拟调试无误,且在对机床 PLC 外部接线做仔细检查后,将 PLC 程序传入数控系统内置 PLC 中进行现场调试。在现场调试过程中,要注意常开、常闭输入信号的不同处理,要充分利用 PLC 梯形图在线监控功能,以及数控系统提供的 PLC 输入/输出状态查询和接口信号查询等方法和手段来分析判断调试中出现的问题。如果调试达不到指标要求,则对相应硬件和软件部分作适当调整,通常只需要修改程序就可能达到调整的目的。全部调试通过后,经过一段时间的考验,系统就可以投入实际的运行了。

PLC 程序正确运行后,应能实现如下功能和操作:

a. 基本操作功能,包括数控系统工作方式的选择,坐标轴的点动控制、手轮选择、主轴手动控制、加工程序的循环启动、循环停止和复位。

b. 驱动器的使能控制,包括驱动器电源模块的使能控制端子和数控系统信号接口中相关的使能控制信号。

c. 机床控制功能,如急停、坐标轴的正负方向硬限位、返回参考点等。

d. 机床辅助功能,如冷却控制、润滑控制等。

2) 三菱 MS Configurator 伺服调整的使用

初始化设定完成后,机床可以执行基本动作。但伺服参数与机械特性不一定匹配,有可能机床会产生共振或者出现加工结果不好等现象,因此需用三菱专用伺服调整软件 MS Configurator(A5 版)进行伺服优化。使用 MS Configurator 软件的调整均为电气方面的调整,需要取消机械补偿后进行,伺服调整基本流程如图 4.2.40 所示。

(1) 通信环境设定

①使用网线连接电脑与 NC,参见前面相关内容。

②设置电脑侧 IP 地址,参见前面相关内容。

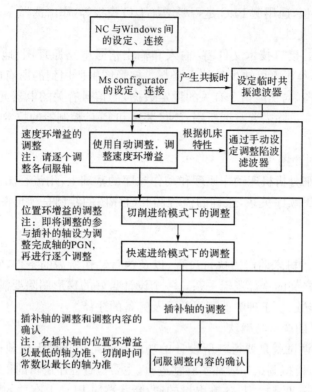

图 4.2.40　伺服调整基本流程图

③设置 MS Configurator 相关参数,如表 4.2.19 所示。

表 4.2.19　与 MS Configurator 相关的参数

参数号	数值	含义
♯1164	1	自动调整功能有效
♯1224bit0	1	输出采样数据有效
♯1267bit0	0	高速高精度时选择 G61.1
♯1925	1	以太网功能有效
♯1926	自行定义	NC
♯2011	0	G0
♯2012	0	G1
♯4006	0	螺距补偿倍率
♯2013	自行定义	软极限＋
♯2014	自行定义	软极限－

④打开 MS Configurator 软件,选择"Tool"菜单下的"1. Setup"的"Communication path setup",如图 4.2.41 所示。

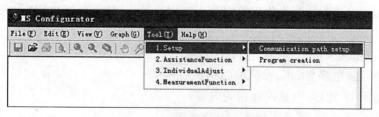

图 4.2.41　选择"通信路径设定"

⑤在"Communication path setting"画面中点击"Detail"按钮,在弹出的"Ethernet communication setup"画面中设定"NC"的类型为"M700/M70","IP address"为"192.168.200.1"(根据♯1926 自行设定)。点击"OK"关闭以太网通信设定画面(见图 4.2.42)。

图 4.2.42　IP 地址设定

⑥再次点击"OK",关闭通信路径设定画面。重启 MS Configurator 软件,使更改的 IP 地址生效。

⑦进入显示通信路径设定画面,点击"Test"进行与 NC 的通信测试,显示测试结果。若出现异常时,显示以太网通信画面,再次确认设定的 NC 机型和 IP 地址,然后重启 MS Configurator 软件。

(2) MS Configurator 的速度环增益调整

使用 MS Configurator 软件伺服优化时,需要将机床操作模式保持在自动运行模式下方可正常运行。

①在进行速度环增益调整之前,需要将参数先恢复为标准参数后,确认机床的状态。解除紧急停止按钮,使用 JOG 等方式移动各伺服轴,如果在轴移动时或轴停止时发生共振,则请确认伺服监视画面中的 AFLT 频率数(Hz)(见图 4.2.43),该值显示当前机床的振动频率并实时变化。确认上述频率值后,在伺服参数♯2238 FHz1 的对应轴内设定与该频率值相同的数值。若此时共振音没有消失,则请参照驱动器使用说明书。

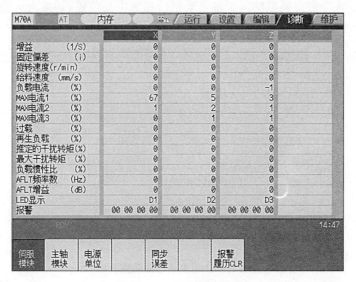

图 4.2.43　伺服监视画面

②选择"Tool"菜单下的"3. IndividualAdjust"的"Velocity loop gain adjustment",如图 4.2.44 所示。

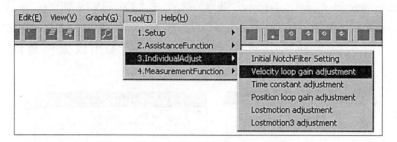

图 4.2.44 "Tool"菜单

③在弹出的"Velocity loop gain adjustment"窗口中将"Enable（Tick this to set the standard parameters before)"前的√取消；如果在调整对象栏里出现了多个伺服轴，则使用"Delete"按钮删除到仅一轴；如果在调整对象栏里未出现任意伺服轴，则通过"Add"按钮进行伺服轴追加，将"Adjustment level"设定为"Standard Mode1（Shortening)"；将"Vibration signal"设定为"Level2（standard)"；完成上述设定后，点击"OK"按钮，如图 4.2.45 所示。

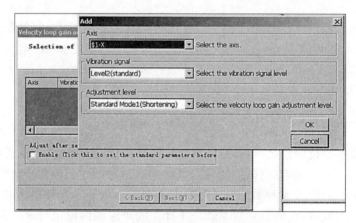

图 4.2.45 选择调整轴、加振信号及调整等级

④使用手轮模式等将待调整的伺服轴移动到行程的中心位置，切换为自动运行模式。完成上述动作后，点击速度环增益调整画面中的"Next"按钮，如图 4.2.46 所示。

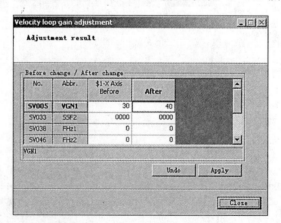

图 4.2.46 速度环增益调整画面

软件自行进行完调整初始化后，弹出"Preparation of adjustment was completed."的提示信息，此时可以按下操作面板上的循环启动按钮。注意如果在自动调整过程中，机床出现异音或共振并持续 7 s 以上时，请按下紧急停止，中止自动调整动作，并将 #2205 VGN1 设定为当前值

的一半后再开始自动调整。

⑤软件开始执行加振信号的调整。

若所调试机床的机械传动部分摩擦力过大时，可能会造成输出的加振信号偏小，此时可加大加振信号的级别，画面出现"Adjustment was completed"的提示信息后，请点击"Next"按钮。

⑥自动调整完成后，被更改的 SV005 VGN1 或陷波滤波器[FHz1~FHz5]项目以蓝字显示；确认后请点击"Close"按钮。

⑦此时可看到如图 4.2.47 所示的频率响应特性图，在图的右方有各个详细指标，需注意：

a. 在共振频率小于交叉频率（Cross Frequency）状态，增益裕量值（Gain Margin）比 −10 dB 更小时，则可认为机台状况良好（可跳过设定陷波滤波器的步骤）；

b. 若测得的频率响应特性图显示在 1 000 Hz 以上有共振发生时，为了抑制该共振，可通过手动设定陷波滤波器进行抑制（第⑧步设定的步骤）。若机械的频率响应特性图如图 4.2.47 所示，则可看到机械在 110 Hz 和 1 786 Hz 两个共振频率，而 110 Hz 比交叉频率 150.56 Hz 要小，而 1 786 Hz 时的增益裕量 −12.75 dB 比 −10 dB 更小，因此判定这两个共振频率并不会引发机台的振动，即机械状况良好，不需再进行陷波滤波器的手动设定。

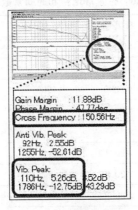

图 4.2.47　频率响应特性

⑧按照上述方法，若确认机械有共振发生时，则需进行陷波滤波器的手动设定，手动设定方法如下：

a. 选择"Tool"菜单下的"3. IndividualAdjust"的"Velocity loop gain adjustment"；

b. 在弹出的"Velocity loop gain adjustment"窗口中将"Enable（Tick this to set the standard parameters before）"前的 √ 取消，将调整对象设定为出现共振的伺服轴，将"Adjustment level"设定为"Standard Model（Shortening）"，将"Vibration signal"设定为"Level2（standard）"；完成上述设定后，点击"Next"按钮；

c. 在"Velocity loop gain adjustment"页面中，将[FHz1~FHz5]的所有大于 1 000 Hz 的共振频率值设为 0，同时将之前测得的共振频率值 1 786 Hz 输入到各值中，更改的值显示为红色，完成后使用手轮模式等将待调整轴移动到行程中心附近，切换为自动运行模式，完成上述动作后，点击"Next"按钮；

d. 弹出"Preparation of adjustment was completed."的提示信息，此时可以按下操作面板上的循环启动按钮。如果在自动调整过程中，机床出现异音或共振并持续 7 s 以上时，按下紧急停止，中止自动调整动作，将其从第①步开始再次重新设定，同时将 ♯2205 VGN1 设定为当前值的一半后再开始手动调整。

e. 画面出现"Adjustment was completed"的提示信息后，请点击"Next"按钮；

f. 调整完成后,确认调整结果,SV005 VGN1 和[FHz1～FHz5]的变更值由蓝字表示;按下"Close"按钮,关闭此对话框,完成手动陷波滤波器的设定。

⑨调整要点:通常情况下,[Gain Margin]的值在 8 dB 以上,[Phase Margin]的值在 30deg 以上时可以认为机床状况良好。

⑩以上完成了一轴的 VGN 调整,重复上述各个步骤以完成机床所有伺服轴的调整。

此外需注意在速度环增益调整时,所有伺服轴的增益值以符合该轴伺服和机械安装特性为准,不必设为相同值;在完成速度环增益自动调整后进行轴动作确认时,如在特定条件下发生异音、振动的现象,请减小速度环增益设定值(最小减到当前值的一半)。如果仍然没有改善,且排除是共振的原因,则应是机床护罩或者油封等的摩擦音。若减小速度环增益值后异音、振动均减小,由于 MS Configurator 很难采样到机床实际振动,此时需根据振动音色推测振动的频率数,在参数中进行共振抑制。

(3) 切削进给动作调试

①按下紧急停止开关,设置位置环增益和时间常数的初期值,如表 4.2.20 所示。

表 4.2.20　位置环增益和时间常数的初期值

	参数号	初期设定值	含义
位置环增益	♯2203	33	位置环增益 1
	♯2204	88	位置环增益 2
	♯2208	1900	速度环超前补偿
	♯2215	50	加速度前馈增益
	♯2257	198	SHG
时间常数	♯2001	自行定义	快速进给 G0
	♯2002	自行定义	切削进给 G1
	♯2003	0011	加减速模式
	♯2004	100	G0 时间常数
	♯2007	100	G1 时间常数

在进行位置环调整过程中,如使用 SHG 控制时,必须将♯2203、♯2204、♯2257 三组参数值按照表 4.2.21 中的值进行组合设定。

表 4.2.21　SHG 控制时的相关参数

参数号	略　称	设定值					说　明
♯2203	PGN1	23	26	33	38	47	3 个参数必须设定为同一组数值
♯2204	PGN2	62	70	88	102	125	
♯2257	SHGC	138	156	198	228	282	
♯2208	VIA	SHG 控制时,标准值为 1 900					
♯2215	FFC	SHG 控制时,标准值为 50					

②解除紧急停止开关,选择"Tool"菜单下的"4. MeasurementFunction",如图 4.2.41 所示。在弹出的"Measurement function"画面(见图 4.2.48)的"Model"处正确选择车床(Lathe System)或加工中心(Machining Centre System)。判断系统当前为车床或加工中心,可通过♯1007 参数确认,当系统为车床时,需将"G code system"设定为♯1037 参数值减 1(如♯1037＝

6,则软件中选择 5);

"M code at the program's end"处设为 30。

"Measured Items"选择"Time-series data measurement"。

"Kind"选择"Reciprocation"。

"Axis1"处选择需调整的轴名。

"Feed"处选择"Cutting feed"。

"Interpolation"处选择"After"。

"Dwelling"延时处打√,并设定该轴换向时延时 0.5 s。

"Travel distance"处输入－100[mm]等需要移动的距离。

"Feed rate"处按照♯2002 的设定值输入。

"Number of repetitions"重复往返数输入 1。

设定完成后点击"Create"按钮,系统将根据上述设定条件自动创建测试程序。如需使用存储于 NC 内存的程序进行测试,则将"Send Program"前的√取消。

测试程序创建完成后,可在预览框内显示和修改。若在最初的轴移动的 G 指令之前添加[G04X0.5]的延时指令,可更容易对采集的波形进行分析。另外,测试程序起始处的"smptime"这行请勿删除和修改。确认完上述事项后,点击"Measure"按钮。

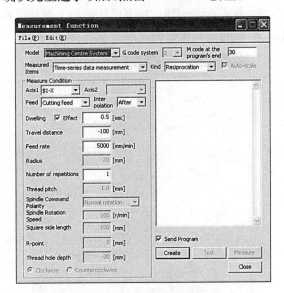

图 4.2.48 测定功能画面设定

在弹出的"Time-series data measurement"画面(见图 4.2.49)的"Trigger setting"中选择任一种条件触发方式(本文以循环启动 Cycle Start 进行说明)。

"Sampling cycle"处建议选择 1.7 ms;

"Arbitrary setting"前的√取消;

"Process form"选择"One-shot";

"Measurement Target"处可选择采样的通道数和采样数据种类;A5 版共支持同时采样 8 个通道的数据,如要关闭采样通道,可将"CHN"(N 表示通道号)前的√取消。

"Axis"处选择与测试程序创建时同样的轴名。

"Waveform type"处选择采样的数据类型。

通常情况下,采样通道数设置为 3,采样数据类型选择"Speed FeedBack(mm/min)"

"Current FeedBack""Position Droop"三种,设置完毕后点击"OK"按钮。

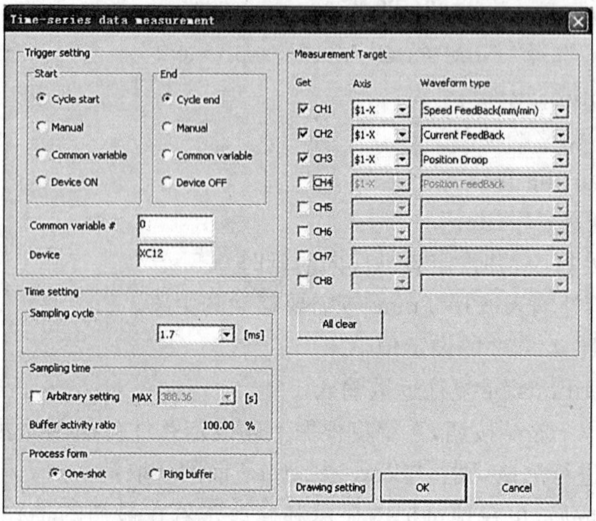

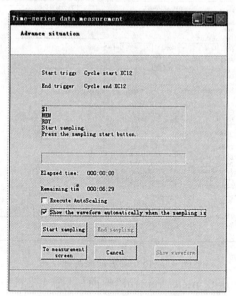

图 4.2.49 时序数据测定画面

在弹出图 4.2.50 所示对话框后,勾选"Show the waveform automatically when the sampling is",点击左下角"Start sampling"后,按下操作面板上循环启动按钮进行条件触发。测试程序运行完成后,将自动显示此次采样数据波形。

图 4.2.50 时序数据测定采样设定画面

③首先,针对"Current FeedBack"电流反馈波形曲线,确认最大电流值是否在该型号电机的许容范围内(各伺服电机的许容范围如表 4.2.22 所示)。

表 4.2.22 伺服电机电流许容范围

伺服电机	伺服驱动器	G1 最大电流指令值(%)	G0 最大电流指令值(%)	伺服电机	伺服驱动器	G1 最大电流指令值(%)	G0 最大电流指令值(%)
HF75	MDS－D－20	245	350	HF123	MDS－D－V1－20	130	190
HF105	MDS－D－20	190	270	HF223	MDS－D－V1－40	160	230

伺服电机	伺服驱动器	G1 最大电流指令值(%)	G0 最大电流指令值(%)	伺服电机	伺服驱动器	G1 最大电流指令值(%)	G0 最大电流指令值(%)
HF54	MDS－D－40	295	420	HF303	MDS－D－V1－80	165	240
HF104	MDS－D－40	245	350	HF453	MDS－D－160	175	250
HF154	MDS－D－80	265	380	HF703	MDS－D－160W	165	240

若实测最大电流值比许容范围大,则延长加减速时间♯2007;若实测最大电流值比许容范围小,则可缩短加减速时间♯2007;参数♯2007变更后,再重复上述测试步骤,确认最大电流值。

④确认电机恒速转动时:是否有周期性的波动;是否有突发性的波动;是否仅在一个部分发生电流值波动,如发生上述现象,则考虑以下对策:

a. 确认机床各部(丝杆、护罩等)安装情况;

b. 降低位置环增益后,确认电流波动现象是否减轻;注意减小位置环增益后,需从调试步骤(2)开始重新测试确认。

⑤针对"Position Droop"位置偏差量波形曲线,确认加速至恒速时过冲为 5 μm,减速至停止时过冲为 2 μm,若实测过冲大于上述值时,则考虑以下对策:

a. 延长♯2007加减速时间(若加减速时的最大电流值小于许容值的一半时则不需再延长)

b. 降低位置环增益;如果减小位置环增益后,需从调试步骤(2)开始重新测试确认。

⑥确认电机恒速转动时位置偏差量在 3 μm 以内,若超过此值,则考虑以下对策:

a. 确认机械传动部分(如丝杆安装精度,径向跳动,护罩安装等);

b. 若是齿轮传动结构,考虑齿轮间啮合及背隙的影响;

c. 降低位置环增益。减小位置环增益后,需从调试步骤(2)开始重新测试确认。

此时完成了单轴的切削进给动作调试,按照上述步骤再次测试其他各轴。

(4) 快速进给动作调试

①快速进给动作调试的步骤可参考(3)的内容进行设置,其中 Measurement Function 测定功能的部分设置选项需做如下所示的变更:"Feed"处选择"Rapid traverse";"Travel distance"设置尽可能大的行程;

②快速进给动作调试与切削进给动作调试方式基本相同。首先,针对"Current FeedBack"电流反馈波形曲线,确认最大电流值是否在该型号电机的许容范围内(各伺服电机的许容范围如表 4.2.22 所示),若实测最大电流值比许容范围大,则延长加减速时间♯2004;若实测最大电流值比许容范围小,则可缩短加减速时间♯2004;参数♯2004变更后,再重复上述测试步骤,确认最大电流值。

③确认电机恒速转动时:是否有周期性的波动;是否有突发性的波动;是否仅在一个部分发生电流值波动;如发生上述现象,则考虑以下对策:

a. 确认机床各部分(丝杆、护罩等)安装情况;

b. 降低位置环增益后,确认电流波动现象是否减轻;注意如果减小位置环增益后,需从调试步骤①开始重新测试确认。

④针对"Position Droop"位置偏差量波形曲线,确认加速至恒速时过冲为 10 μm,减速至停止时过冲为 3 μm,若实测过冲大于上述值时,则考虑以下对策:

a. 延长♯2004加减速时间(若加减速时的最大电流值小于容许值的一半时则不需再延长);

b. 降低位置环增益;注意如果减小位置环增益后,需从调试步骤①开始重新测试确认。

⑤确认电机恒速转动时位置偏差量是否在 5 μm 以内,若超过此值,则考虑以下对策:

a. 确认机械传动部分(如丝杆安装精度,径向跳动,护罩安装等);

b. 若是齿轮传动结构,考虑齿轮间啮合及背隙的影响;

c. 降低位置环增益。注意如果减小位置环增益后,需从调试步骤①开始重新测试确认。

⑥各伺服轴的快速进给加减速类型和加减速时间不必设定为相同值。但需要特别注意的是,所有参与插补的轴切削进给加减速时间常数(G1)必须设置相同,并设为所有轴中最大的那组数据。

⑦若采样的波形符合调整要求,而实际机床动作时发生异音或振动等情况,可参考下述对策进行修正。

a. 延长♯2005 G0t1,使得延长后的最大电流值为之前的最大电流值的一半(如执行完上述调整步骤后的 G0 最大电流为 200%,则延长♯2005 G0t1 使得最大电流减小为 100%);

b. 如果延长♯2005 后效果未见改善,则降低位置环增益;

(5) 丢步补偿 3 调整

选择"Tool"菜单下的"3. IndividualAdjust"的"Lostmotion3 adjustment"。选择通过"Program creation"创建的项目名称,点击"Next"。在弹出的"LostmotionTYPE3 adjustment"画面点击"Addition"。选择要进行调整的轴,当为垂直轴时,需要勾选"Torque"。设定完成后,点击"OK"。返回"LostmotionTYPE3 adjustment"画面。如需更改或删除轴分别点击"change"及"Delete"。完成所有调整轴追加后(每次调整只能选择两轴),确认设定内容,点击"Next",设定调整等级。一般使用等级 1 即可,具体可根据调整机床的实际情况进行选择。点击"Next",进入调整程序确认画面。可以再次对之前创建的程序中被使用到的程序进行修改及测试。点击"Next",按下机床操作面板循环启动键,轴开始自动运行,执行第一平面的丢步补偿 3 调整。调整完成后点击"Next"显示调整结果。每次只能调整一个平面,需要重新选择 Lostmotion3 调整画面进行其他各个平面的调整。确认参数更改内容后,点击"Close"完成丢步补偿 3 调整。如对调整结果不满意,可选择"Undo"恢复到调整前的参数值,重新调整。

(6) 注意事项

使用 MS Configurator 调整功能前,必须确认在 NC 中正确设定各参数、复位及紧急停止为有效设定状态,并确认机械的实际行程量和适当的软极限,以免在进行"位置环增益调整""时间常数调整""丢步补偿 3 调整"时发生过行程报警。本功能不支持英制单位体系系统,请使用公制系统。在电脑与其他外部设备连接的状态下使用本功能,则可能因受到干扰的影响,无法正常进行测定、调整。

①在"速度环增益调整""位置环增益调整"中,伺服电机可能发生激烈振动,为避免发生危险,按下复位或紧急停止。可通过降低调整等级来抑制机械振动。在降低调整等级后,重新进行自动调整。

②使用 MS Configurator 调整功能时,伺服电机画面的显示不刷新。如果发生紧急停止、NC 电源关闭、报警、输入电源关闭(瞬停),请务必在还原参数后使伺服 Ready on。

③加振量小于电流限制值时也可进行测定、调整,但测定、调整可能无法正常完成。勿将电流限制值设定为 100% 以下。

④勿对电机未连接(连接伺服驱动单元)的轴、进行轴取出中的轴进行调整。无法从 NC 获取驱动单元的型号名称时,视为所有驱动单元未连接。若对上述轴进行调整,则可能停留在状态画面(调整中画面),无法结束调整。此时,请输入紧急停止或复位,中止调整。

⑤各调整功能中,在 MS Configurator 主画面选择所有系统时,可确认所有系统的运行模式。存在任一系统中的运行模式未正确设定,则显示运行模式错误的提示信息及发生错误的系统名称。请正确设定对象系统的运行模式。另外,在程序创建功能中,只对程序创建对象系统的运行模式进行确认。

⑥轴不发生轴移动,可能就不出现共振。请确认在手轮进给等过程中,即使轴移动也不发生共振。

⑦通过 NC 输入紧急停止时,请在输入复位后再输入紧急停止。若仅输入紧急停止,则不删除通过本功能向 NC 传输的程序。

⑧更改 NC 的参数及伺服、主轴参数后重启时,也需重启 MS Configurator。若不重启 MS Configurator,则将以重启前的参数设定进行测定、调整,从而无法得出正确的结果。

4.2.5　数据备份与恢复

在数控机床的日常使用与维护中,机床数据的备份与恢复对于保证机床正常使用是非常必要的环节。当机床安装调试完成或系统正常使用中,可利用外部设备将 NC 的内存数据全部进行备份。当系统出现软硬件故障需要做系统恢复时,利用外部设备对 NC 内存进行全部恢复。

数据的备份与恢复有两种方法,一是所有备份,即机床所有数据的整体备份和恢复,机床所有数据的文件如表 4.2.23 所示;二是各个数据文件单独备份和恢复。

表 4.2.23　机床数据类型

画面显示	文件名称	数据类型
系统数据	SRAM. BIN	SRAM 数据(二进制文件)程序、参数、R 寄存器等
梯形图	USERPLC. LAD	用户 PLC 程序
APLC 数据	APLC. BIN	用户自己创建的 C 语言模块
定制画面数据	CUSTOM. BIN	定制画面数据(二进制文件)(定制画面模块、设定文件、PLC 报警信息)

数据的备份和恢复操作可以通过 CF 卡、以太网、串口(RS232)等多种方法予以实现,而 CF 卡以其携带方便,传输速度快、可靠性高等诸多优点被众多用户所推崇。现以 CF 卡为例做数据备份和恢复。

1) 所有备份

使用所有数据整体备份/恢复功能时,可将 NC 内存中的数据整体备份到 CF 卡中,或从 CF 卡将数据整体恢复到 NC 的内存中,其操作步骤如下:

(1) 使运行状态转为紧急停止,将 CF 卡插入显示单元前面的 CF 卡接口。

(2) 在维护画面上输入密码。

在维护画面上选择[维护]→[密码输入]菜单,在设定区域输入"MPARA",然后按下 INPUT 键。

(3) 按下取消键,返回维护画面,选择[维护]→[所有备份],如图 4.2.51 所示。

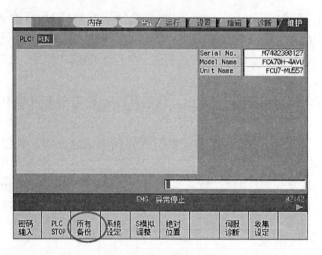

图 4.2.51　维护画面

（4）显示所有备份画面，如图 4.2.52 所示，在图示画面进行相关操作。

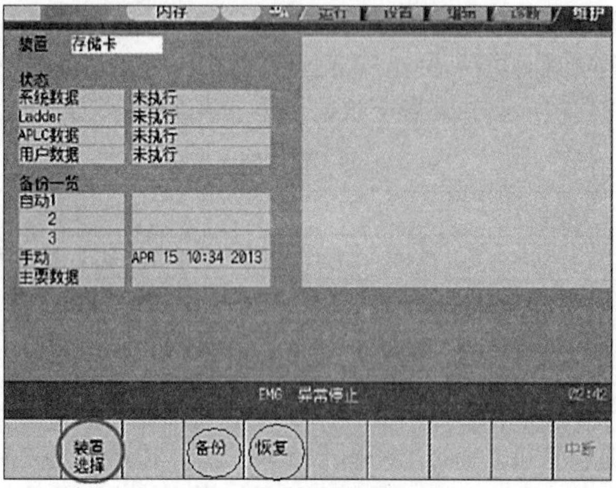

图 4.2.52　所有备份画面

在"装置"栏中显示备份目标装置。如果要变更装置，则选择[装置选择]菜单，然后选择装置，若用 CF 卡备份和恢复数据，请选择"存储卡"。

选择[备份]，则按提示一步一步完成数据整体备份。注意：当提示操作信息"请选择要备份的目录"，从备份一览中选择备份目标位置（"手动"或"主要数据"），进行所有备份时，无法选择"自动1～3"。当备份完成，屏幕上会显示"备份完成"，备份的资料存放于 CF 卡内[BACKUP_MANUAL]文件夹内，文件夹内包含 APLC. BIN、SRAM. BIN、USERPLC. LAD 三个文件。

选择[恢复]，则按提示一步一步完成数据整体恢复。进行恢复时，绝对位置数据将被替换。在恢复后请重新进行绝对位置检测。

2）各数据文件的单独备份

除了整体备份数据外，还可以对参数、程序、宏变量、刀补数据等多种数据单独进行数据的输入输出。输入/输出画面（见图 4.2.53）是用来执行 NC 内部和外部输入输出装置之间的数据传输。

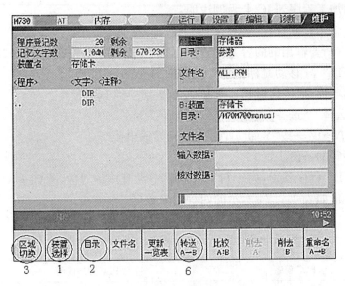

图 4.2.53 输入/输出画面

（1）数据的输入

①首先在输入输出画面选择"装置选择"，进入如图 4.2.54 所示画面，按下"存储卡"。

图 4.2.54 选择目标装置

②在输入输出画面选择"目录"→"接收一览表"，此时输入输出画面显示 CF 卡内的程序，如图 4.2.55 所示，通过键盘上"↑"或"↓"移动光标选择 CF 卡内的程序→"INPUT"。

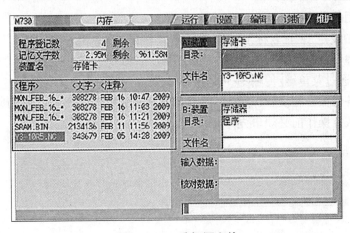

图 4.2.55 选择源文件

③在输入输出画面选择"区域切换"（从 A 装置切换到 B 装置）。

④选择"装置选择"→选择"存储器"（以将加工程序存入 NC 内存为例）。

⑤选择 NC 存放输入信息的特定位置，如输入加工程序，选择"程序"。

⑥选择"传送 A→B"→按"Y"键。此时程序开始输入。

（2）数据的输出

与数据输入相对应，数据输出也可以根据外部设备的不同选择不同的功能予以进行。下面以从 NC 内存输出加工程序到 IC 卡为例说明：

①首先在输入输出画面选择"装置选择"→选择"存储器"。

②选择"目录"（所要输出的内容）→"程序"（以程序为例）→"文件名"→"接收一览表"→此时通过键盘上"↑"或"↓"移动光标选择存储器内的程序→"INPUT"。

③在输入输出画面选择"区域切换"（从 A 装置切换到 B 装置）。

④选择"装置选择"→选择"存储卡"（以存储卡为例）。

⑤选择"传送 A→B"→按"Y"键，此时程序开始输出。

（3）PLC 程序等的备份步骤

对于常用的 PLC 程序备份，由于目录在画面中没有按键对应，只能手动输入，因此需要单独进行备份。可备份如表 4.2.24 所示的四种对象数据。

表 4. 2. 24　数据种类

序　号	相关数据种类	备　注
1	PLC 程序	PLC 程序代码
2	参数	执行顺序设定信息等
3	PLC 程序注释	GX Developer 所用的注释数据
4	信息第 1～8 语言	报警信息/操作信息/PLC 开关，信息数据的各语言数据

在 CNC 控制器的输入输出画面中进行备份操作。在输入输出画面中指定 CNC 控制器一侧和传输目标计算机一侧，执行传输将 RAM 中存储的 PLC 程序等备份到个人计算机中。备份操作步骤：

①CNC 控制器一侧的设定

在"A：装置"中设定"装置名称"项设为"内存"，"目录"项中输入字符串"/LAD"，"文件名"项将自动设定"USERPLC. LAD"。

②计算机一侧的设定

在"B：装置"中设定"装置名称"项设为"HD"，"目录"项中输入字符串"/"和"文件名"项中设定要保存的文件名。省略时将默认为"USERPLC. LAD"。

③传输操作，通过菜单键[传输 A→B]执行备份。

恢复操作与备份操作相反（"A：装置"为计算机一侧的设定，"B：装置"为 CNC 控制器一侧的设定）。但是，恢复操作前必须事先停止 PLC。

参 考 文 献

[1]　解乃军,仲高艳. 数控技术及其应用. 北京:科学出版社,2014

[2]　邵群涛. 数控系统综合实践. 北京:机械工业出版社,2004

[3]　曹雅丽,解乃军. 数控机床故障诊断与维修. 银川:阳光出版社,2011

[4]　朱晓春. 数控技术(第2版). 北京:机械工业出版社,2011

[5]　夏伯雄. 数控原理与数控系统. 北京:中国水利水电出版社,2010

[6]　黄文生,张建生. 数控技术应用及数控系统开发. 北京:国防工业出版社,2009

[7]　袁安富. 数控技术及自动化. 北京:清华大学出版社,2009

[8]　[美]Michael Fitzpatrick. CNC技术. 唐庆菊,译. 北京:科学出版社,2009

[9]　张志义. 数控应用技术. 北京:化学工业出版社,2005

[10]　易红. 数控技术. 北京:机械工业出版社,2005

[11]　SINUMERIK 808D_诊断手册. 2014

[12]　SINUMERIK 808D_ADVANCED_调试指南. 2013

[13]　SINUMERIK_808D_ADVANCED_编程和操作手册. 2013

[14]　SINUMERIK_808D_ADVANCED_参数手册. 2013

[15]　SINUMERIK_808D_ADVANCED_功能手册. 2013

[16]　SINUMERIK_808D_应用手册. 2013

[17]　SINUMERIK_828D_简明调试手册. 2013

[18]　SINUMERIK_828D_基本功能手册. 2013

[19]　SINUMERIK_828D_服务手册. 2013

[20]　SINUMERIK_828D_调试手册. 2013

[21]　SINUMERIK_828D_扩展功能手册. 2013

[22]　SINUMERIK_840D sl 840DE sl828D 铣削操作手册. 2010

[23]　刘树青. 数控机床故障诊断与维修. 北京:人民邮电出版社,2009

[24]　王悦. FANUC系统装调与实训. 北京:机械工业出版社,2010

[25]　杨雪翠. FANUC数控系统调试与维护. 北京:国防工业出版社,2010

[26]　叶晖,马俊彪,黄富. 图解NC数控系统——FANUC 0i系统维修技巧(第2版). 北京:机械工业出版社, 2009

[27]　BEIJING-FANUC技术部. BEIJING-FANUC 0i-C/0i Mate-C简明联机调试手册(一). 北京:北京发那科机电有限公司,2005

[28]　陈贤国. 数控机床PLC编程. 北京:国防工业出版社,2010.

[29]　宋松,李兵. FANUC 0i系列数控系统连接调试与维修诊断. 北京:化学工业出版社,2010

[30]　三菱电机株式会社. 三菱数控装置MITSUBISHI CNC PLC接口说明书——C70. 日本东京,2009

[31]　三菱电机株式会社. 三菱数控装置MITSUBISHI CNC连接说明书——C70. 日本东京,2009

[32]　三菱电机株式会社. C70编程说明书(L系). 日本东京,2007

[33]　三菱电机株式会社. 三菱数控系统规格说明书——C70. 日本东京,2011

[34]　三菱电机株式会社. 三菱数控装置MITSUBISHI CNC设定说明书——C70. 日本东京,2009

[35]　三菱电机株式会社. 三菱数控装置MITSUBISHI CNC使用说明书——C70. 日本东京,2009

[36]　三菱电机自动化有限公司. 三菱可编程控制器QCPU用户手册——多CPU系统篇. 上海,2013

[37]　MITSUBISHI ELECTRIC CORPORATION. Q系列I/O模块用户手册. 日本,2002

[38] MITSUBISHI ELECTRIC CORPORATION. 三菱运动控制器——MOTION CONTROLLER Qseries. 日本,2012

[39] MITSUBISHI CNC. 三菱数控系统 M700V/M70V 简明调试手册. 上海:三菱电机 LTD,2007

[40] MITSUBISHI CNC. 三菱数控系统 M70/M700_PLC 编程. 上海:三菱电机 LTD,2007

[41] MITSUBISHI CNC. 三菱数控系统 M70V 连接说明书. 上海:三菱电机 LTD,2007

[42] MITSUBISHI CNC. 三菱数控系统 M700V/M70V 使用说明书. 上海:三菱电机 LTD,2007

[43] MITSUBISHI CNC. 三菱数控系统 M70V 设定说明书. 上海:三菱电机 LTD,2007

[44] MITSUBISHI CNC. MDS-DM 系列使用说明书. 上海:三菱电机 LTD,2005

[45] MITSUBISHI CNC. 三菱数控系统 PLC 接口说明书. 上海:三菱电机 LTD,2007